UNIVERSITÀ POLITECNICA DELLE MARCHE
DIPARTIMENTO DI FISICA ED INGEGNERIA DEI MATERIALI E DEL TERRITORIO

DOTTORATO DI RICERCA IN INGEGNERIA DEI MATERIALI, DELLE ACQUE E DEI TERRENI

III CICLO – 2001/2004

Maurizio CALABRESE

PARTICOLATO SOTTILE ED ALLERGENICO. STUDIO SULL'AREA DI ANCONA

Supervisore della ricerca:

Prof. Gabriele FAVA (*Dipartimento di Fisica ed Ingegneria dei Materiali e del Territorio* - **Università Politecnica delle Marche)**

Controrelatore:

Prof. Michele GIUGLIANO (*Dipartimento di Ingegneria Idraulica, Ambientale, Infrastrutture Viarie, Rilevamento* - **Politecnico di Milano)**

Coordinatore della scuola di dottorato:

Prof. Giacomo MORICONI (*Dipartimento di Fisica ed Ingegneria dei Materiali e del Territorio* - **Università Politecnica delle Marche)**

Dissertazione: 14 gennaio 2005 – Ancona

Curriculum del dottorato in INGEGNERIA DEI MATERIALI, DELLE ACQUE E DEI TERRENI:

Settori scientifico - disciplinari		Area	
FIS/01	Fisica sperimentale	02	Scienze fisiche
FIS/06	Fisica per il sistema terra e il mezzo circumterrestre		
FIS/07	Fisica applicata		
GEO/05	Geologia applicata	04	Scienze della terra
ICAR/01	Idraulica	08	Ingegneria civile e architettura
ICAR/02	Costruzioni idrauliche, marittime e idrologia		
ICAR/03	Ingegneria sanitaria – ambientale		
ICAR/07	Geotecnica		

Capitolo I

Il particolato sottile e le problematiche ambientali

1. Introduzione

Il particolato atmosferico rappresenta tuttora, soprattutto nelle grandi aree metropolitane, una forma di inquinamento di preoccupante rilievo e di difficile rappresentazione. Anche i modelli di dispersione che faticosamente hanno conquistato uno spazio fra gli strumenti di analisi e pianificazione più utilizzati, rischiano di proporre semplificazioni drastiche che non aiutano a comprendere la complessità dei fenomeni che vedono coinvolto il particolato. Infatti, con il termine aerosol atmosferico o particolato atmosferico si definisce genericamente un'ampia classe di sostanze con diverse proprietà chimiche e fisiche presenti in atmosfera sotto forma di particelle liquide (con esclusione dell'acqua pura) o solide. L'aerosol atmosferico è dunque sinonimo di eterogeneità chimica. Le emissioni di PM originano dalla natura (suolo, aerosol marino, incendi, pollini, eruzioni vulcaniche) e dalle attività dell'uomo, in particolare dal settore dei trasporti su gomma; possono essere emesse direttamente dalla sorgente o formarsi in atmosfera per trasformazione di emissioni gassose di ossidi di zolfo (SO_x), ossidi di azoto (NO_x) e Composti Organici Volatili (COV).

La misura effettuata dalle reti di monitoraggio, fino ad un passato recente, ha riguardato il Particolato Totale Sospeso (PTS), vale a dire la quantità di polveri totale senza discriminarne la dimensione. Recentemente sono stati introdotti strumenti di misura della frazione del particolato con diametro inferiore a 10 μm (PM_{10}), mentre sono rare le misure di particolato con diametro inferiore a 2,5 μm ($PM_{2.5}$); in entrambi i casi non si dispone di serie di dati estese.

Figura 1 - Distribuzione dimensionale delle polveri (US-EPA)

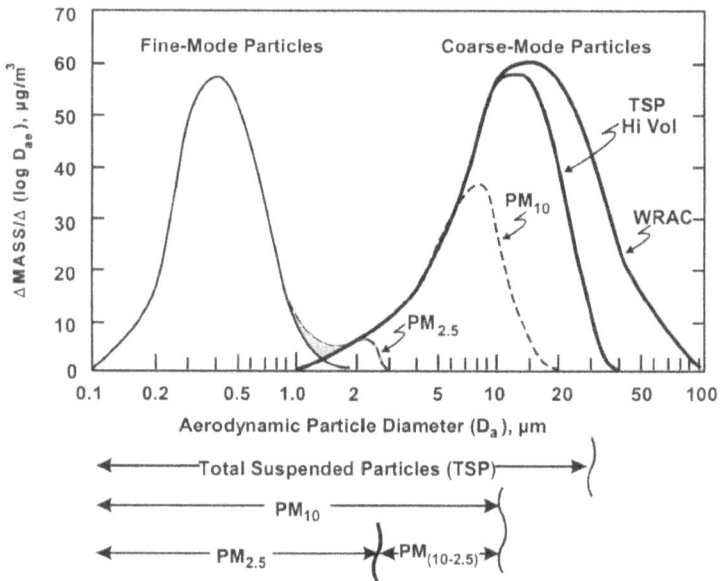

Il PM_{10} è ovviamente una frazione di PTS variabile da sito a sito in dipendenza delle condizioni locali e del tipo di emissioni predominanti. In letteratura sono proposti diversi valori per il rapporto PM_{10}/PTS: quello su cui converge il maggior numero di studi e che è stato verificato da alcune campagne sperimentali nel nostro Paese si attesta a 0,7 – 0,8. In altre parole il 70 – 80% del particolato totale sospeso sarebbe con diametro inferiore a 10 μm.

1.1. Considerazioni sull'aspetto fisico e dimensionale del particolato

Uno dei parametri più importanti per la definizione delle proprietà dell'aerosol è la sua dimensione. Infatti essa influisce sugli effetti di rimozione dall'atmosfera, sugli effetti sulla salute umana e sulla visibilità attraverso il fenomeno di *scattering* della radiazione.

Le dimensioni lineari del particolato misurato in atmosfera variano di un fattore 1000, esse vanno infatti dai nm (10^{-9} m) ai μm (10^{-6} m). La dimensione del particolato viene espressa attraverso il diametro aerodinamico equivalente definito come il diametro di una particella avente velocità di deposizione uguale a quella di una particella sferica con densità unitaria. Tale definizione è necessaria poiché, mentre le particelle liquide possono essere considerate con buona approssimazione sferiche, le particelle solide sono di forma irregolare.

Una prima distinzione dell'aerosol atmosferico in funzione delle sue dimensioni è quella in *fine mode* (particelle sottili) e *coarse mode* (particelle grandi). La soglia che separa i due tipi di particelle non è ben definita, ma è compresa tra 1 e 3 μm.

Particelle di diverse dimensioni, oltre ad avere normalmente diversa composizione fisica, sono caratterizzate da diverso comportamento fisico, diverse sorgenti, diversi meccanismi di formazione e diversi effetti sulla salute umana.

Figura 2 - Le convenzioni inalabile, toracica e respirabile come percentuali delle particelle aereodisperse totali (Norma UNI EN 481)

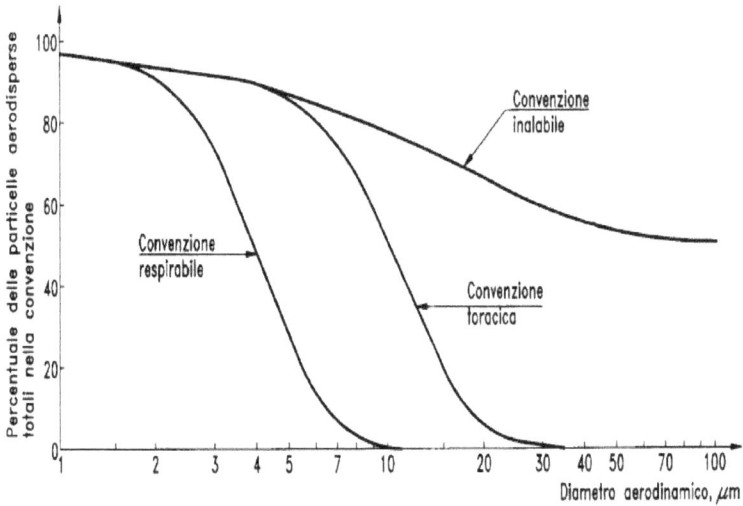

Le particelle fini sono composte essenzialmente da solfati, nitrati, carbonio elementare, carbonio organico e metalli.

Il particolato di dimensioni maggiori può derivare da particolari attività industriali (operazioni di demolizione e costruzione, lavori di estrazione, ecc.), da processi di erosione della crosta terrestre o avere origini biogeniche. I composti, presenti nella crosta terrestre, che si trovano principalmente nel particolato grezzo sono Si, Al, Fe, Mg e K. In ambiente urbano essi possono venire risospesi dal traffico autoveicolare dopo che sono stati portati al suolo da processi di rimozione quali ad esempio la deposizione secca o umida.

Figura 3 - Sorgenti di particolato primario e di precursori gassosi, processi di formazione e meccanismi di rimozione *[Seinfeld and Pandis (1998)]*.

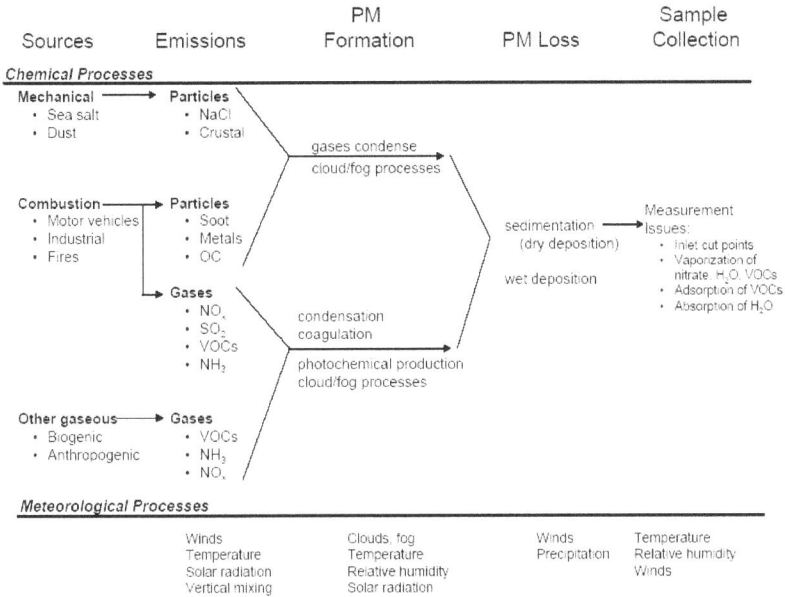

Sources	Emissions	PM Formation	PM Loss	Sample Collection

Chemical Processes

Mechanical ⟶ Particles
• Sea salt   • NaCl
• Dust   • Crustal

gases condense
cloud/fog processes

Combustion ⟶ Particles
• Motor vehicles • Soot
• Industrial   • Metals
• Fires   • OC

⟶ Gases
• NO$_x$
• SO$_2$
• VOCs
• NH$_3$

condensation
coagulation

photochemical production
cloud/fog processes

Other gaseous ⟶ Gases
• Biogenic   • VOCs
• Anthropogenic   • NH$_3$
                  • NO$_x$

sedimentation ⟶
(dry deposition)

wet deposition

Measurement Issues:
• Inlet cut points
• Vaporization of nitrate, H$_2$O, VOCs
• Adsorption of VOCs
• Adsorption of H$_2$O

Meteorological Processes

	Winds	Clouds, fog	Winds	Temperature
	Temperature	Temperature	Precipitation	Relative humidity
	Solar radiation	Relative humidity		Winds
	Vertical mixing	Solar radiation		

La frazione carbonacea del particolato atmosferico è composta da carbonio elementare (EC) e da carbonio organico (OC). Il carbonio elementare è emesso direttamente in atmosfera prevalentemente dai processi di combustione. Il carbonio organico può avere sia origine primaria che secondaria per mezzo della condensazione di prodotti poco volatili del processo di fotoossidazione degli idrocarburi. La componente secondaria degli OC è una frazione notevole degli OC totali

ed ha un peso almeno paragonabile alla componente primaria.

Il particolato fine ha tempi medi di residenza in atmosfera dell'ordine di giorni o settimane e, durante questo tempo, è in grado di percorrere trasportato dal vento distanze
dell'ordine delle centinaia di chilometri. Il particolato grezzo
invece ha tempi medi di residenza in atmosfera dell'ordine di
minuti o ore, e le distanze tipiche di percorrenza sono tipicamente inferiori alla decina di km.

Data la notevole variabilità nella dimensione del-
l'aerosol atmosferico le sue proprietà sono convenientemente
espresse in termini del logaritmo del diametro. La formula-
zione matematica della distribuzione in numero, superficie e
volume (o massa) del particolato atmosferico è descritta per
esempio in *Seinfeld* (1986) o *Seinfeld and Pandis* (1998).

La quantità:

$$n \cdot \left(\ln D_p \right) \cdot d \cdot \ln D_p$$

rappresenta, se n è la distribuzione in numero dell'aerosol, il
numero di particelle per unità di volume comprese
nell'intervallo dimensionale che va da $[lnD_p]$ a $[lnD_p + dlnD_p]$.

Tipicamente la distribuzione in numero delle particelle atmosferiche ha una distribuzione unimodale che esibisce
un massimo per valori del DAE (*diametro aerodinamico equivalente*) pari a circa 0.01 mm. La distribuzione della superficie delle particelle può essere unimodale o bimodale, con un

primo massimo localizzato approssimativamente attorno a un valore di DAE pari a 0.2 mm. Infine la distribuzione in massa o volume è caratterizzata da due mode, una posta nell'intorno di 0.3 mm e un'altra posta nell'intorno di 10 mm. In taluni casi questa distribuzione può mostrare anche una terza moda per valori del DAE prossimi a 0.01 mm. Queste distribuzioni variano inoltre a seconda della provenienza del particolato (zona urbana molto inquinata, zona rurale, libera troposfera, ecc.).

1.2. Descrizione della distribuzione granulometrica

La distribuzione di massa, numero o volume del particolato atmosferico all'interno dei modelli di qualità dell'aria può essere rappresentata utilizzando almeno tre diversi approcci: la rappresentazione continua, la rappresentazione discreta e la rappresentazione modale.

I processi di accrescimento degli aerosol provocano il movimento di un certo numero di particelle tra diversi intervalli granulometrici.

Figura 4 - Distribuzione granulometrica e volumetrica del particolato (*Wilson and Suh, 1997*)

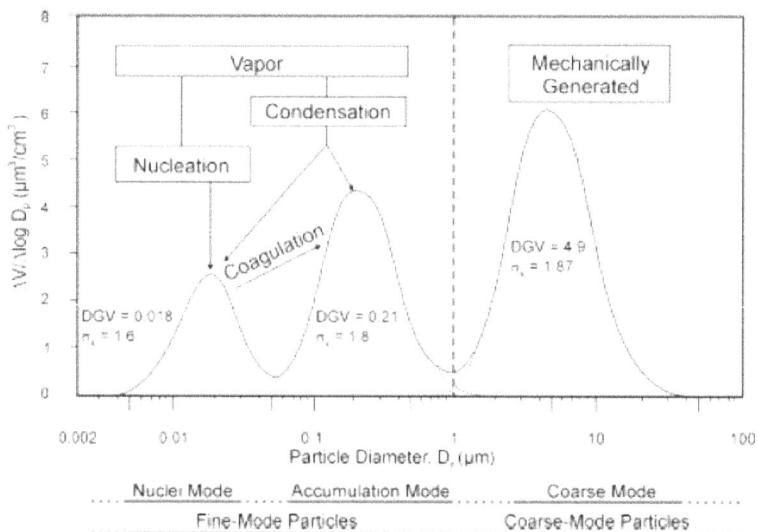

1.2.1. Nucleazione

La nucleazione è il processo attraverso il quale, tramite l'agglomerazione di molecole di vapore supersaturate, si formano nuove particelle in atmosfera. Si parla di nucleazione omomolecolare quando il processo interessa una singola specie, e di nucleazione eteromolecolare quando il processo interessa più specie chimiche. Inoltre si parla di nucleazione omogenea quando il processo avviene in assenza di superfici o materiale esterno estraneo, viceversa si parla di nucleazione eterogenea.

La descrizione del processo di nucleazione per mezzo della fisica classica non riesce a riprodurre in modo soddisfacente i ratei di nucleazione osservati in atmosfera. Ciò può essere dovuto sia all'inadeguatezza delle formule teoriche utilizzate, sia alle difficoltà sperimentali che si incontrano nel misurare particelle molto piccole (diametro < 10 nm) in tempi molto corti. Una conseguenza di queste difficoltà è che si incontrano discrepanze di molti ordini di grandezza in più o in meno tra i valori del rateo di nucleazione predetti con le formule della fisica classica e quelli misurati. La descrizione teorica del processo di nucleazione rimane attualmente un problema irrisolto.

Per superare i risultati inadeguati delle formule classiche si ricorre a formule empiriche in grado di descrivere il processo di nucleazione omogenea di acido solforico e acqua. Ci si focalizza su tali sostanze perché sono quelle per cui il processo di nucleazione assume maggiore importanza.

1.2.2. Condensazione

I processi di crescita del particolato atmosferico (condensazione e dissoluzione) sono caratterizzati da una prima fase di instaurazione dell'equilibrio tra la fase gassosa e quella aerosol. In questa fase, ipotizzando il processo di condensazione, si ha la diffusione delle molecole gassose verso la superficie della particella. Nella seconda fase la molecola viene catturata dalla superficie della particella che accresce così il suo volume. Se la superficie della particella è rivestita da una pellicola acquosa e se il gas si discioglie in acqua, si parla di dissoluzione. Se invece la superficie della particella è secca si parla di condensazione.

1.2.3. Trasferimento di massa gas – particella

Il processo di condensazione/evaporazione può essere modellato pensando ad una prima fase di trasferimento di molecole dalla fase vapore alla fase aerosol o viceversa. Esistono diversi metodi per simulare il trasferimento di massa.

L'approccio cinematica simula esplicitamente il trasferimento di massa assumendo che la fase vapore non sia in equilibrio con la fase aerosol (cioè la pressione di vapore di una sostanza in fase aerosol non è uguale alla pressione parziale della sostanza in fase vapore). L'approccio di equilibrio assume che il trasferimento di massa del vapore tra la fase bulk e la superficie della particella sia istantaneo, di conseguenza al posto dell'errore. L'origine riferimento non è stata trovata. Si utilizza, per ogni intervallo dimensionale l:

$$C_{sl} = C_g$$

Poiché :

$$K = \frac{C_{pl}}{C_{sl}}$$

è sempre valida, si deduce che tutte le particelle sono in equilibrio con la stessa concentrazione in fase vapore e, quindi, che tutte le particelle, indipendentemente dall'intervallo dimensionale l, hanno la stessa composizione.

Nell'approccio ibrido si assume che vi sia equilibrio tra la concentrazione del vapore in bulk (Cg) e l'intera fase aerosol, senza riferimento ad intervalli dimensionali particolari.

1.3. Aspetti epidemiologici

Il PM_{10} viene indicato dagli epidemiologi come il miglior indicatore delle relazioni tra inquinamento atmosferico e salute. In particolare le particelle di diametro inferiore a 2.5 μm, che costituiscono la frazione respirabile, sono in grado di raggiungere gli alveoli polmonari veicolando nell'organismo le sostanze delle quali sono composte. E' la frazione fine, infatti, a presentare un elevato rapporto tra superficie e volume, favorendo in questo modo l'adsorbimento superficiale di sostanze più o meno tossiche, come i metalli pesanti, gli idrocarburi policiclici aromatici, e non solo.

Attualmente la normativa (D.M. 60/2002) impone dei limiti che però tralasciano completamente la composizione chimica del particolato ma focalizzano l'attenzione esclusivamente sulla componente fisica/dimensionale.

2. Le polveri di origine vegetale

Il potere allergizzante, riconosciuto ampiamente dalla comunità scientifica internazionale, delle polveri vegetali può costituire un grave fattore di rischio soprattutto nelle zone in cui c'è una consistente movimentazione di sostanze che possono originare polveri di questo tipo. È il caso, ad esempio, della soia la cui componente allergenica è rappresentata da un'endotossina contenuta nel baccello, e che viene liberata nella rottura. L'allergia (dal greco *allos-erghia*, alterata reattività) è una reazione immunitaria, che l'organismo mette in atto contro sostanze normalmente presenti nell'ambiente (allergeni), che non sono nocive per la maggior parte della popolazione, ma che risultano «*nemiche*» per alcune persone predisposte.

L'allergia, quindi, è una difesa esagerata verso qualcosa che normalmente non dovrebbe costituire alcun tipo di minaccia, una «*infiammazione*» eccessiva per domare un pericolo, che in realtà non c'è. Il corpo umano, però, è fornito di una potente arma difensiva, il sistema immunitario, capace di riconoscere quello che gli appartiene da quello che, invece, gli è estraneo.

Il sistema immunitario è costituito:

- da vari tipi di globuli bianchi o leucociti, ognuno con azioni specifiche, che costituiscono gli «*anticorpi cellulari*»;

- dai linfociti, che a loro volta producono «*anticorpi umorali*», (così definiti perché si sciolgono nel sangue), chiamati immunoglobuline (IgA, IgE, IgM, IgG), deputati ad azioni specifiche ed attivi in differenti zone del corpo.

Figura 5 - Baccello di soia contenente l'endotossina allergizzante

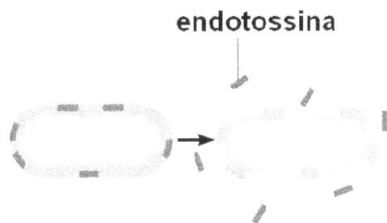

endotossina

Figura 6 - Fotografia di seme di soia

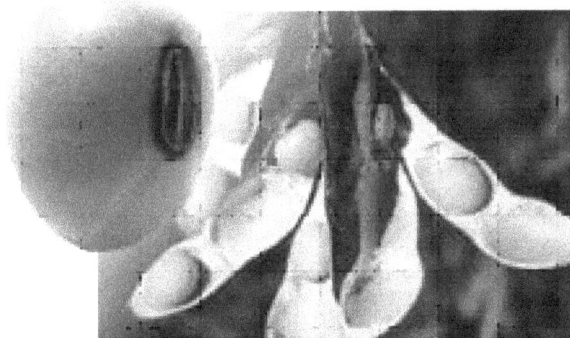

Figura 7 - Schematizzazione dell'endotossina

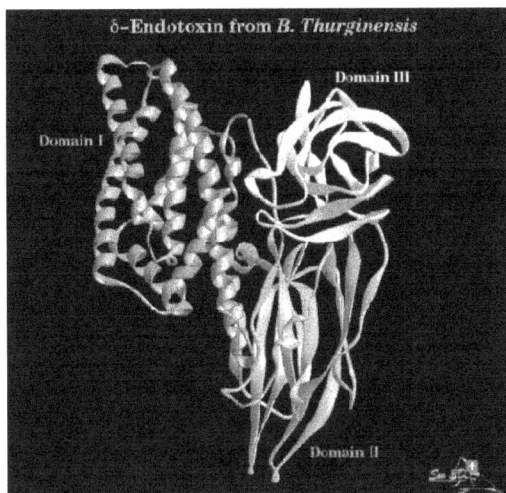

ô-Endotoxin from *B. Thurginensis*

Domain III

Domain I

Domain II

Le epidemie d'asma bronchiale a Barcellona nel 1988 e a Napoli nel 1993, sono state associate alla dispersione di grandi quantitativi di soia nelle zone portuali. Gli studi eseguiti a Barcellona, dove si è verificato un elevato numero di riacutizzazioni asmatiche che risalivano ai giorni in cui la soia veniva raccolta in silos privi di filtro, hanno indotto a pensare che basse concentrazioni atmosferiche di allergeni sufficientemente potenti possano causare gravi riacutizzazioni in soggetti sensibilizzati. Infatti i pazienti che giungevano all'ospedale erano già allergici alla polvere di soia; il fatto che i soggetti che giungevano in ospedale fossero già asmatici conferma che l'esposizione ad un agente sensibilizzante è in grado di riacutizzare un soggetto già sensibilizzato piuttosto che causarne la sensibilizzazione.

2.1. Area di Ancona

Ricostruendo l'andamento della movimentazione delle merci nel porto di Ancona si è osservato che, soprattutto per i legumi, le quantità sono consistenti.

Figura 8 - Movimentazione merci Porto di Ancona

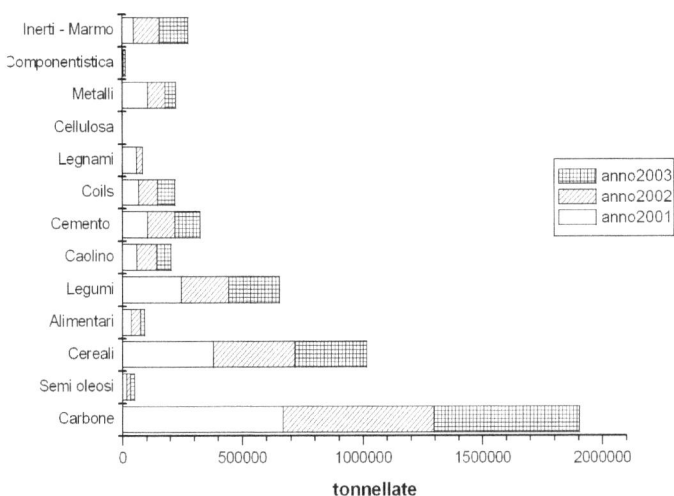

È stato questo il motivo principale per cui si è focaliz-
zata l'attenzione sull'area di Ancona. Il passo successivo, ovviamente, è stato quello di "fotografare" la situazione attingendo tutti i dati disponibili, a partire dai dati di monitoraggio dell'inquinamento atmosferico rilevati nelle centraline ge-
stite dalla Provincia di Ancona.

Capitolo II

Dati di monitoraggio ambientale

1. Acquisizione dati ed elaborazioni statistiche

All'interno dell'area portuale è presente una centralina fissa della rete pubblica della Provincia di Ancona[1].

Per meglio caratterizzare l'area sono stati utilizzati anche i dati monitorati nelle centraline ubicate in Piazza Roma e Torrette.

Le caratteristiche di queste stazioni fisse sono riassunte nella tabella 1:

Tabella 1 - *Caratteristiche delle stazioni fisse secondo AIRBASE[2] della rete pubblica della provincia di Ancona nell'area in esame*

Nome stazione	Tipo Stazione	Tipo Zona	Coordinate geografiche	Altezza di prelievo *(m)*	Altitudine s.l.m. *(m)*
Piazza Roma	T	U	43°37'00" 13°30'43"	3	20
Porto	I	S	43°37'12" 13°30'23"	3	3
Torrette	T	S	43°36'28" 13°27'21"	3	5

[1] Fino al 1999 era presente anche una centralina gestita dall'ENEL in prossimità del carbonile della stessa azienda

[2] La classificazione delle stazioni di misura stabilita dall'Agenzia Nazionale Protezione Ambiente (Anpa ora APAT) è quella di AIRBASE (Le reti di monitoraggio della qualità dell'aria in Italia – pubblicazione RTI CTN ACE 3/2000).

dove:

T = *Traffico*: stazioni utilizzate per il monitoraggio dell'inquinamento atmosferico da traffico (classificate tipo C secondo il DM 20 maggio 1991);

I = *Industriale*: stazioni utilizzate per il monitoraggio dell'inquinamento atmosferico industriale;

U = *Urbano*: stazioni situate in una città;

S = *Suburbano*: stazioni situate in periferia della città o in piccola area residenziale fuori dal centro della città.

È da sottolineare che le tre stazioni considerate sono state selezionate per la raccolta nazionale dei dati sulla qualità dell'aria e per la costituzione della rete europea della qualità dell'aria EuroAirNet. Il criterio di selezione ha tenuto conto di alcuni requisiti minimi di qualità e di disponibilità di serie storiche significative per ricostruire l'andamento della qualità dell'aria nel tempo.

Nella tabella 2 sono indicati tutti i parametri chimici e meteorologici forniti dalle tre stazioni.

Tabella 2 - *Analizzatori chimici e sensori meteorologici installati nelle stazioni fisse*

	O_3	NO_2	SO_2	CO	$NMHC$	PTS	VV	DV	RS	T	PR	UM	PR
	$\mu g/m^3$	$\mu g/m^3$	$\mu g/m^3$	mg/m^3	$\mu g/m^3$	$\mu g/m^3$	m/s	°N cw	w/m^2	°C	mbar		mm H_2O
ARO	☑	☑	☑	☑									
AP1						☑	☑	☑	☑	☑	☑	☑	☑
TOR				☑	☑		☑	☑					

dove:

ARO = Ancona Piazza Roma;

AP1 = Ancona Porto;

TOR = Ancona Torrette.

Nella stazione di Ancona Piazza Roma è in funzione anche un sensore per PM_{10} (dal 9 maggio 2001) e uno per NO_x (dal 1 gennaio 2001). Dal 2003 è stata attivata un'altra centralina in Via Bocconi dove viene monitorato PM_{10}, velocità e direzione del vento. Anche nella stazione di Torrette dal 2003 viene monitorato PM_{10}.

1.1. Stazioni

Nella figura 9 è illustrata la localizzazione delle tre centraline fisse:

Figura 9 - *Ubicazione centraline di monitoraggio*

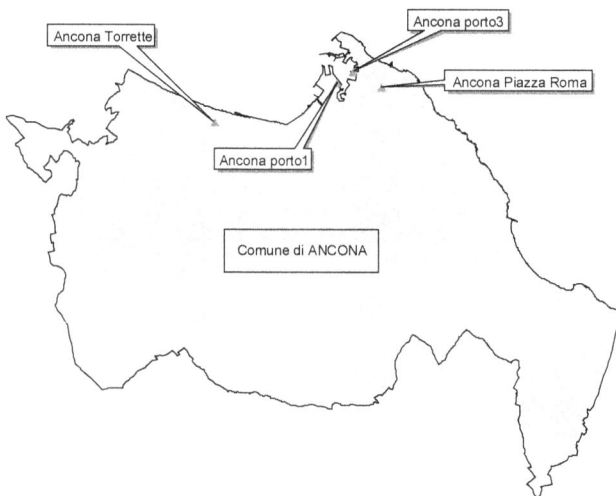

1.1.1. Ancona Piazza Roma

Stazione tipo «*traffico*» in zona Urbana. La stazione di rilevamento si trova in piazza Roma angolo corso Stamina. La postazione di misura descrive la situazione media della città in quanto ubicata in zona abitativa centrale con media esposizione al traffico. Sono state utilizzate le serie orarie, monitorate in continuo, comprese nel periodo dal 01.01.1998 al 12.11.2004.

1.1.2. Ancona Porto

Stazione di tipo «*industriale*» in zona suburbana. La stazione è stata installata al terminale del molo della Stazione Marittima (molo Santamaria), in posizione centrale rispetto alla movimentazione portuale di merce sfusa. La stazione fa da sensore di polveri che dall'area portuale potrebbero veicolare verso il centro della città con venti provenienti da Nord.

Ad integrazione dei dati relativi alla stazione gestita dalla Provincia di Ancona, sono stati utilizzati anche i dati della centralina Enel, in funzione sino al 1999.

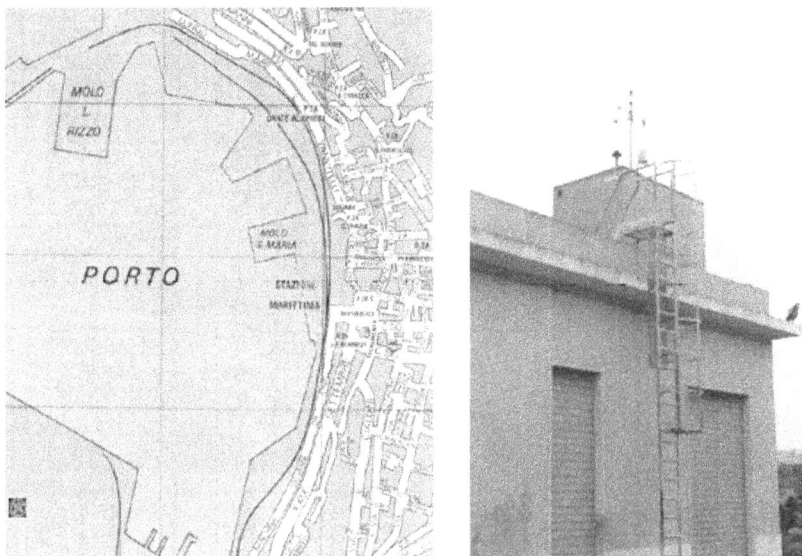

1.1.3. Ancona Torrette

Stazione di tipo «*traffico*» in zona suburbana. La stazione è collocata nel quartiere di Torrette di Ancona,
all'incrocio tra via Conca e via Esino. Il traffico veicolare che
insiste su via Conca è caratterizzato da flussi di elevata intensità e da basse velocità di percorrenza a causa della presenza di impianti semaforici e dall'incrocio con la via Flami-
nia che costituisce un ulteriore elemento di rallentamento del
traffico.

Via Conca è disposta perpendicolarmente alla linea di
costa ed è interessata dalle brezze di mare e di terra che determinano di norma una buona capacità di rimescolamento
dell'atmosfera ed una periodica variabilità dei venti.

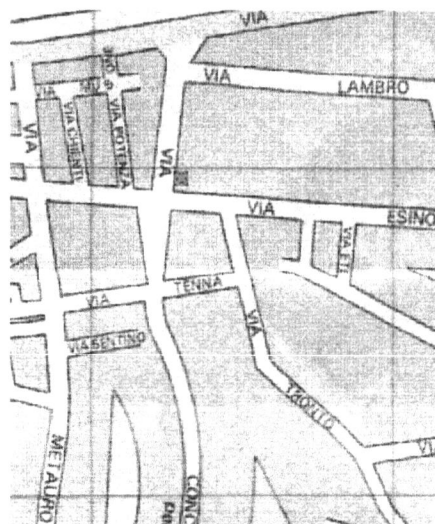

1.2. Acquisizione ed organizzazione delle serie storiche

L'acquisizione delle serie storiche disponibili nell'archivio della Provincia di Ancona ha inizialmente presentato delle difficoltà imputabili essenzialmente alla modifica nella struttura dei files di dati ed a cambiamenti introdotti nei co-

dici identificativi degli inquinanti e delle stazioni di monitoraggio; tali difficoltà sono emerse per la successiva organizzazione e codifica delle serie storiche acquisite (in termini di inquinante, di identificazione della stazione, dell'anno e di disponibilità di dati validi), necessaria per la predisposizione
della relativa banca dati e per l'effettuazione delle elaborazioni statistiche successive.

La fase di acquisizione ha riguardato tutte le serie an-
nuali disponibili nell'archivio provinciale, per il periodo 1998-
2003 compresi.

Il complesso delle serie acquisite è stato successiva-
mente sottoposto ad una procedura di analisi, organizzazione
e codifica che prevede, in primo luogo, la valutazione della
consistenza di ognuna di esse, in termini di disponibilità di
dati validi nel periodo di riferimento (pari ad 1 anno, indipendentemente dall'effettivo periodo di attivazione della stazione). Sulla base di tale disponibilità, le serie sono state
classificate in 4 distinte categorie:

[A]: serie che dispongono di almeno il 75% di dati validi;

[B]: serie caratterizzate da percentuali di dati validi comprese tra il 50% ed il 75%;

[C]: serie caratterizzate da percentuali di dati validi comprese tra il 25% ed il 50%;

[D]: serie caratterizzate da percentuali di dati validi inferiori
al 25%;

[E]: serie caratterizzate dalla totale mancanza di dati.

A valle delle procedura di organizzazione e codifica le serie sono state infine memorizzate in singoli file di dati orari di concentrazione. Ogni file, in formato *.xls*, è denominato tramite la sigla «*iiiSTAAQ.DAT*», dove «*iii*» indica la sequenza di 3 caratteri che identifica ciascun inquinante ("CO", "NO$_2$", "O$_3$", "PTS", " SO$_2$", "PMD"), «*ST*» indica il codice identificativo della stazione di monitoraggio (tabella 2), «*AA*» indica l'anno di riferimento e «*Q*» la classe di consistenza della serie, in termini delle categorie riportate in precedenza.

Sulla consistenza dell'archivio organizzato e codificato si possono effettuare le seguenti considerazioni riassuntive:

- per tutti gli inquinanti la disponibilità di serie caratterizzate da una percentuale di dati validi superiore al 75% risulta sempre inferiore al 50% delle serie totali disponibili, ad eccezione dell'anno 2001 dove la percentuale delle serie di buona consistenza (classe A) cresce considerevolmente (85.71%);

- per il parametro PTS solo nell'anno 2001 si ha una serie appartenente alla classe di consistenza A, mentre per gli anni precedenti la consistenza risulta sempre molto bassa; per i dati meteo la tendenza risulta stazionariamente mediocre, raggiungendo nell'anno 2001 una percentuale di serie di classe A, e quindi da ritenersi caratterizzate da un'adeguata rappresentatività statistica, pari al 22,2% del totale.

1.3. Controllo qualità dei dati

Il primo passo della procedura di controllo verifica i dati classificabili come palesemente errati applicando il criterio di superamento dei seguenti valori di soglia (espressi in $\mu g/m^3$):

Parametro	Limite di legge	Limite + 75%
SO_2	500[3]	875
NO_2	300[2]	525
O_3	240[4]	420
CO	16000[2]	28000

Per i dati meteo:

1. quando un valore della direzione del vento (°N cw) oltrepassa il valore max di 360°, si procede alla eliminazione del dato

2. La velocità max del vento si stabilisce pari a 25 m/s

3. La temperatura max si pone pari a 50° C

4. L'umidità relativa max pari a 100

---

[3] Limite riferito all'anno 1999, secondo il DM 60/2002

[4] Limite della Direttiva 2002/3/CE, non ancora recepita dall'Italia

Sui dati residui viene applicato il metodo di controllo automatizzato per migliorare la qualità statistica dei dati e si pone l'obiettivo di segnalare al fine di correggere a posteriori ciascun dato sospetto, diminuendone la differenza da un presunto "*dato vero*".

Il metodo si basa sull'obiettivo di mantenere la coerenza nel tempo dei momenti della distribuzione di frequenza statistica; la qualità dell'aria descritta da una stazione di rilevamento è infatti completamente descritta dalla distribuzione statistica dei dati osservati sull'intervallo di tempo di riferimento.

Una ipotesi iniziale è che la distribuzione in frequenza dei dati sia pressoché la stessa in periodi diversi, purché sufficientemente lunghi; su tale ipotesi si basa parte del metodo di "*segnalazione*" applicato alle serie. Occorre ricordare che la identificazione di valori anomali è sempre molto delicata in quanto i dati poco probabili sono anche quelli identificabili come probabilmente errati; nel caso di procedure automatizzate di controllo le tecniche di controllo si basano sull'apparente anomalia delle informazioni ma non devono ovviamente eliminare automaticamente nessun dato e soprattutto dati estremi "*validi*".

I passi dell'algoritmo atto alla segnalazione delle anomalie inseriti nella procedura sono i seguenti:

1. *INDIVIDUAZIONE DELLA MEDIA E DELLA DEVIAZIONE STANDARD DELL'INSIEME DEI DATI*

Varie espressioni funzionali sono suggerite come distribuzioni teoriche di probabilità per rappresentare l'andamento delle grandezze. La distribuzione teorica di probabilità è una descrizione completa delle proprietà della grandezza ed essendo ottimamente stimati gli indici di variazione e tendenza centrale possono essere applicabili i test statistici di validità. La distribuzione teorica che approssima i dati può variare nel tempo e dipende strettamente dal parametro chimico – fisico in esame. Il tentativo di approssimare le curve sperimentali con la distribuzione gaussiana è comunque importante perché solamente con la media e la deviazione standard si può ottenere una completa descrizione dei dati: ad esempio ci si attende che il 99% delle osservazioni ricadano entro circa tre deviazioni standard dalla media e quindi si ha fin da subito un test di anomalia.

2. *INDIVIDUAZIONE DEGLI OUTLIER DEI DATI*

I dati dell'inquinamento seguono molto spesso la distribuzione di tipo gamma e delle famiglie lognormali o comunque asimmetriche, per cui il valore della media e della deviazione standard non sono sufficienti ad identificare delle possibili anomalie dei dati. Per controllare i dati di tali distribuzioni ci si è basati sul concetto di «*outlier*» e sul suo calcolo.

È definito *outlier* l'osservazione(i) che è generata da meccanismi diversi rispetto a quelli che generano la distribuzione di riferimento. In esso i valori sono diversi ed occorre indagare la loro diversità, forniscono informazioni sul fenomeno da cui sono differenziati e su fenomeni non considerati. Gli elementi *outlier* indicano che la struttura dei dati contiene più strutture al suo interno che occorre separare: un esempio è dato ad esempio da un campione di dati composto da due sottoinsiemi relativi al mattino e sera che vanno indagati come sotto-campioni separati. L'aspetto interessante è dato dal valore di separazione del mondo degli *outlier* rispetto ai dati della distribuzione di riferimento.

Tradizionalmente i valori al di fuori di una distribuzione derivano da test statistici basati sul rapporto fra le varianze dei dati dove progressivamente vengono eliminati elementi della serie ordinata di valori.

1) Calcolo del valore

$$Var = \sum_{i=1}^{N} (x_i - x_m)^2$$

dove:

N = numero delle osservazioni

X_m = media

2) Si elimina il massimo valore di x_i e si calcola

$$Var = \sum_{i=1}^{N-1} (x_i - x_m)^2$$

3) Si calcola il rapporto K:

$$K = \frac{\sum_{i=1}^{N-1}(x_i - x_m)^2}{\sum_{i=1}^{N}(x_i - x_m)^2}$$

4) Se k ≤ 0.7 si passa allo step (N-2), altrimenti si memorizza il valore massimo come limite di tutti gli outlier.

Per identificare la soglia di «*sospetto*» si è indagato l'insieme dei dati fuori norma o anomali e si è dedotto lo schema di segnalazione per le distribuzioni asimmetriche.

La determinazione è stata effettuata basandosi sulla teoria di identificazione di elementi che non appartengono statisticamente all'insieme del resto dei dati. I test statistici che contraddistinguono gli elementi «*outlier*» indicano quale porzione della distribuzione dei dati trattare con attenzione perché al di fuori della distribuzione dei valori standard. A semplice titolo di documentazione si ricorda che uno dei criteri per evidenziare i valori *outlier* si basa sulla varianza dei dati e sui rapporti fra tale varianza e quelle con n-1,n-2,n-3,....,n-k dati ordinati. Il valore k identifica i k valori massimi che vengono sottratti alla distribuzione dei dati, fino a quando il rapporto delle varianze è accettabile (*La soglia è data dal valore per il quale il rapporto fra le varianze è maggiore di un parametro fissato, nel caso specifico, si è assunto pari a 0.7*).

Combinando le due tipologie di distribuzioni si è calcolato per ogni serie un valore di soglia così determinato:

$$Value = 1.2 \cdot media(A, B)$$

In *Value*, A è la porzione che considera i dati come appartenenti alla distribuzione normale, valutando una variabilità massima consentita pari al 99.97%. In sostanza si calcola la media della serie e la sua variabilità e si segnala in A il valore al di fuori del 99.97 % dei dati considerati della distribuzione «*normale*», (pari a 3.49 σ). B rappresenta il valore dell'*outlier* di quella serie, calcolato come detto precedentemente.

Mediando fra le due entità si tengono in considerazione entrambe le tipologie di distribuzioni più ricorrenti. Nell'algoritmo sopra descritto, la procedura viene reiterata dopo la correzione dei dati. Si conserva la traccia di tutte le correzioni effettuate, archiviando comunque tutti i dati grezzi, per le successive stime centralizzate.

Figura 14 - Individuazione outliers

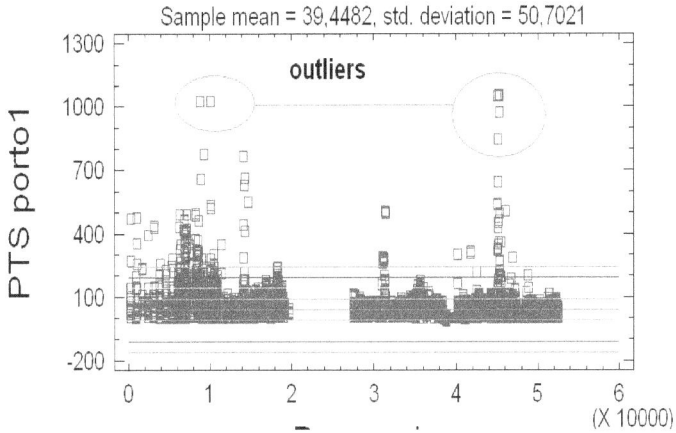

Sample mean = 39,4482, std. deviation = 50,7021

1.4. Statistica descrittiva

Tabella 3 - *Tabella statistica riassuntiva. Stazione: Ancona Piazza Roma – periodo: dal 01.01.1998 al 31.12.2001*

	Column	Size	Missing	Efficiency	Mean	Std Dev	Std. Error	Range	Max	Min	Median
anno 1998	CO	8760	1378	84.27%	1.91	0.876	0.0102	7.8	7.8	0	1.9
	NO2	8760	918	89.52%	73.99	42.136	0.4758	404	404	0	73
	O3	8760	1247	85.76%	34.87	28.78	0.332	314	314	0	29
	SO2	8760	8760	###	--	--	--	--	--	--	--
anno 1999	CO	8760	3078	64.86%	2.38	1.1	0.0146	9.6	9.6	0	2.2
	NO2	8760	2824	67.76%	68.97	40.48	0.5254	340	340	0	62
	O3	8760	1150	86.87%	37.68	24.08	0.2761	143	145	2	32
	SO2	8760	2721	68.94%	10.96	4.33	0.0557	29	31	2	10
anno 2000	CO	8784	1090	87.59%	2.15	1.02	0.0116	12.1	12.2	0.1	2
	NO2	8784	4389	50.03%	33.47	34.1	0.5144	528	528	0	24
	O3	8784	4296	51.09%	28.46	28.91	0.4315	287	288	1	21
	SO2	8784	8697	0.99%	21.46	25.6	2.7448	68	72	4	10
anno 2001	CO	8760	776	91.14%	1.46	1.2	0.0134	45.7	45.7	0	1.3
	NO2	8760	1749	80.03%	81.39	43.74	0.5224	334.9	334.9	0	79
	O3	8760	725	91.72%	34.32	18.46	0.2059	352.2	352.3	0.02	31
	SO2	8760	8760	###	--	--	--	--	--	--	--
	PM10	*8760*	*3584*	*59.09%*	*31.06*	*15.15*	*0.2106*	*175*	*175.2*	*0.2*	*29.08*
	NOX	*8760*	*1754*	*79.98%*	*105.53*	*109.27*	*1.3055*	*551.9*	*551.9*	*0*	*77.64*

Tabella 4 - *Tabella statistica riassuntiva. Stazione: Ancona Porto – periodo: dal 01.01.1998 al 31.12.2001*

	Column	Size	Missing	Efficiency	Mean	Std Dev	Std. Error	Range	Max	Min	Median
anno 1998	PTS	8760	7640	12.79%	103.09	97.47	2.9126	498	498	0	75
	DIREZIONE	8760	3693	57.84%	112.95	119.72	1.6819	985.3	985.3	0	66.9
	VELOCITA'	8760	3691	57.87%	1.86	2.14	0.0301	13.7	13.7	0	0.8
	PRECIPITAZIONI	8760	8760	###	..	..	..	..	..	..	..
	PRESSIONE	8760	3674	58.06%	941.43	79.41	1.1135	597.8	1442.2	844.4	1003
	RADIAZIONE	8760	3699	57.77%	96.56	190.97	2.6844	959	964.5	5.5	21.7
	TEMPERATURA	8760	3697	57.80%	16.74	6.81	0.0958	33.5	34	0.5	17
	UMIDITA'	8760	3703	57.73%	19.9	22.48	0.3161	77.2	77.2	0	8.7
anno 1999	PTS	8760	3621	58.66%	53.85	60.43	0.8429	1025	1025	0	42
	DIREZIONE	8760	8284	5.43%	241.09	43.74	2.0047	207.2	310.1	102.9	254.2
	VELOCITA'	8760	8281	5.47%	2.49	1.94	0.0885	13.6	13.6	0	2.2
	PRECIPITAZIONI	8760	8410	4.00%	52.67	19.35	1.0345	91.4	91.5	0.1	58.1
	PRESSIONE	8760	8128	7.21%	1017.58	6.75	0.2686	26.2	1028.3	1002.1	1017.7
	RADIAZIONE	8760	8281	5.47%	80.99	121.62	5.5572	502.7	513.8	11.1	17.7
	TEMPERATURA	8760	2663	69.60%	16.42	7.54	0.0965	33.6	34.7	1.1	15.8
	UMIDITA'	8760	8131	7.18%	50.87	17.4	0.6939	66.1	74.4	8.3	54.7
anno 2000	PTS	8784	7312	16.76%	61.007	37.0977	0.9669	236	240	4	52
	DIREZIONE	8784	8784	###	..	..	..	..	..	..	..
	VELOCITA'	8784	8776	0.09%	0.163	0.0518	0.0183	0.1	0.2	0.1	0.2
	PRECIPITAZIONI	8784	8784	###	..	..	..	..	..	..	..
	PRESSIONE	8784	8784	###	..	..	..	..	..	..	..
	RADIAZIONE	8784	8784	###	..	..	..	..	..	..	..
	TEMPERATURA	8784	7183	18.23%	7.507	3.0824	0.077	18.3	18.3	0	7.2
	UMIDITA'	8784	8784	###	..	..	..	..	..	..	..
	anno 2001 - PTS	8760	1850	78.88%	44.1	43.8	0.55	501	504	2.95	33.5
	anno 2002 - PTS	8760	8389	95.76%	32.29	24.49	0.26	313.72	313.72	0	31.02

Tabella 5 - *Tabella statistica riassuntiva. Stazione: Ancona Porto 3 – periodo: dal 01.01.1998 al 31.12.1999*

	Column	Size	Missing	Efficiency	Mean	Std Dev	Std. Error	Range	Max	Min	Median
anno 1998	PTS	8760	4890	44.18%	41.981	48.072	0.77274	678	679	1	32
	DIREZIONE	8760	3865	55.88%	195.293	64.299	0.91903	344.1	355.1	11	190.1
	VELOCITA'	8760	4016	54.16%	1.229	0.918	0.01333	8.6	8.8	0.2	1
	PREC.	8760	8760	###	..	..	..	..	..	..	..

	Size	Missing	Efficiency	Mean	Std Dev	Std. Error	Range	Max	Min	Median
PRESSIONE	8760	8720	0.46%	994.3	30.396	4.80601	193	1000	807	999
RADIAZIONE	8760	4368	50.14%	0.335	0.358	0.0054	1.5	1.5	0	0.2
TEMP.	8760	3891	55.58%	12.845	5.241	0.07511	25	27	2	12
UMIDITA'	8760	5813	33.64%	51.558	28.588	0.52661	83.3	83.3	0	67.1

anno 1999		Size	Missing	Efficiency	Mean	Std Dev	Std. Error	Range	Max	Min	Median
	PTS	8760	4637	47.07%	67.485	42.73	0.66547	607	608	1	60
	DIREZIONE	8760	5249	40.08%	186.676	61.822	1.04334	347.8	362	14.2	176.2
	VELOCITA'	8760	6861	21.68%	0.923	0.834	0.01914	3.9	4.1	0.2	0.4
	PREC.	8760	5240	40.18%	7.256	5.679	0.09571	19.8	19.8	0	5.1
	PRESSIONE	8760	5527	36.91%	1016.05	7.41	0.13032	149	1029	880	1017
	RADIAZIONE	8760	5239	40.19%	0.303	0.374	0.0063	1.4	1.4	0	0.2
	TEMP.	8760	6305	28.03%	12.345	6.88	0.13885	36	37	1	11
	UMIDITA'	8760	6305	28.03%	64.316	16.556	0.33414	67.7	85.3	17.6	69.8

Tabella 6 - *Tabella statistica riassuntiva. Stazione: Ancona Torrette – periodo: dal 01.01.1998 al 31.05.1999*

	Column	Size	Missing	Efficiency	Mean	Std Dev	Std. Error	Range	Max	Min	Median
anno 1998	CO	8760	5332	39.13%	2.46	1.75	0.0299	13.3	13.4	0.1	2
	NMHC	8760	8324	4.98%	178.18	171.44	8.2104	1499	1503	4	124
	DIR.	8760	5310	39.38%	196.78	70.73	1.2042	319.5	357.8	38.3	224.55
	VELOCITA'	8760	5910	32.53%	2.17	1.57	0.0294	12.9	12.9	0	1.8
anno 1999	CO	8760	914	89.57%	2.72	1.4	0.0158	13.1	13.2	0.1	2.4
	NMHC	8760	6890	21.35%	302.13	257.6	5.957	4046	4048	2	254
	DIR.	8760	698	92.03%	181.98	71.91	0.8009	344	352.7	8.7	211.7
	VELOCITA'	8760	1848	78.90%	2.16	1.61	0.0194	13.6	13.6	0	1.8
anno 2000	CO	8784	1263	85.62%	2.15	1.31	0.0151	9.9	10	0.1	1.9
	NMHC	8784	6058	31.03%	239.15	138.02	2.6436	1092	1099	7	210
	DIR.	8784	883	89.95%	201.23	90.73	1.0208	365.1	365.1	0	228.5
	VELOCITA'	8784	1758	79.99%	1.79	1.11	0.0132	11.9	11.9	0	1.6
anno 2001*	CO	3624	419	88.44%	1.4	0.939	0.0166	7	7	0	1.2
	NMHC	3624	507	86.01%	209.7	143.257	2.5659	1038	1038	0	194
	DIR.	3624	643	82.26%	149.15	75.795	1.3882	327.3	332.5	5.2	161.6
	VELOCITA'	3624	734	79.75%	2.11	1.451	0.027	11.6	11.6	0	1.85

Tabella 7 - Riepilogo delle classi di efficienza

anno	PTS_AP1	PTS_AP3	CO_ARO	NO_ARO	O3_ARO	SO2_ARO	Nox_ARO	PM10_ARO	CO_TOR	PM10_TOR	PM_BOC
1998	19,73%	6,85%	92,88%	97,26%	84,93%	0,00%	0,00%		40,27%		
1999	69,86%		69,32%	71,23%	92,33%	72,88%	0,00%		94,79%		
2000	18,63%		95,89%	54,79%	55,34%	1,10%	0,00%		95,89%		
2001	81,10%		94,25%	83,01%	95,89%	0,00%	85,48%	62,19%	34,35%		
2002	98,50%		77,53%	71,78%	76,99%	0,00%	80,27%	64,60%	47,40%	41,37%	
2003	93,76%		78,42%	73,67%	82,45%	0,00%	85,60%	93,24%	33,56%	92,33%	59,45%

1.5. Elaborazione e sintesi dei dati di qualità dell'aria

Focalizzando il discorso sulle polveri nell'area portuale, il confronto fra le cinque serie temporali è rappresentato nella figura 15.

Figura 15 - *Box plot delle Polveri Totali Sospese nell'area portuale*

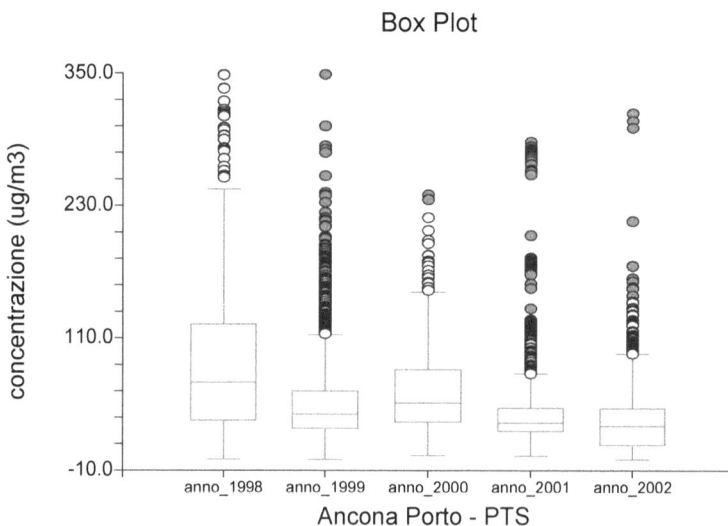

Da rimarcare che solamente le serie relative agli anni 2001 e 2002 sono di classe A, quella del 1999 è di classe B, mentre le serie del 2000 e del 2001 appartengono alla classe D; le elaborazioni statistiche, quindi, hanno una buona attendibilità solamente per quelle serie la cui efficienza sia almeno pari alla classe B.

L'andamento durante tutto l'arco temporale della concentrazione delle PTS è rappresentato nella figura 16:

Figura 16 - Time history PTS porto

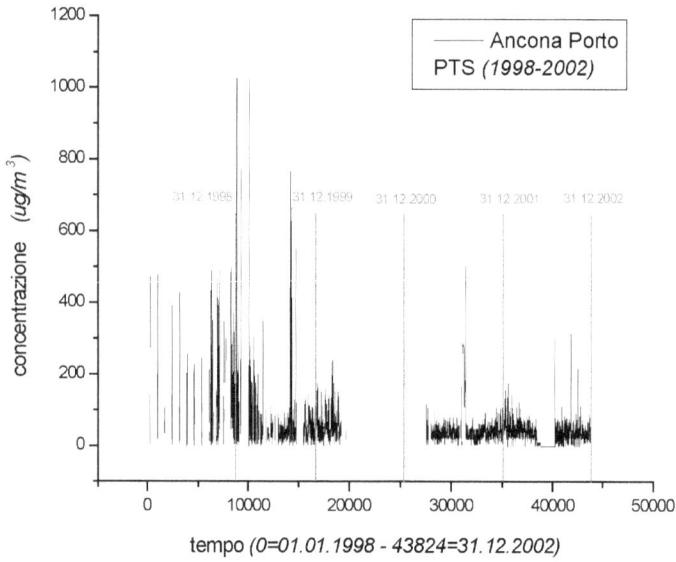

tempo *(0=01.01.1998 - 43824=31.12.2002)*

Figura 17 - Andamento della concentrazione di PTS, nella stazione Ancona Porto, nel periodo 1998 - 2002

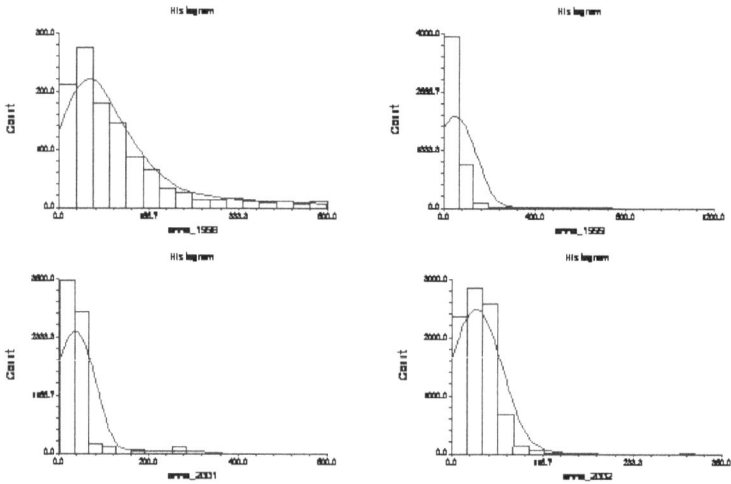

Per questo inquinante i valori limite ed i valori guida di qualità dell'aria considerano quale parametro di riferimento la concentrazione media di 24 ore. Pertanto a partire dai dati orari osservati, sono stati calcolati i valori medi giornalieri, considerando significativi solo quelli ottenuti sulla base di almeno il 75% dei dati disponibili (anni 2001 e 2002).

La normativa propone due valori guida per la qualità dell'aria: il primo prevede che la media giornaliera di ogni giorno dell'anno civile sia compresa tra 100 e 150 $\mu g/m^3$, il secondo impone che la media aritmetica annuale delle concentrazioni di PTS calcolate su un tempo di integrazione di 24 ore, riferita all'anno che inizia il 1 aprile e termina il 31 marzo, sia compresa tra 40 e 60 $\mu g/m^3$.

Il primo valore guida, per l'anno 2001, è stato superato per un periodo compreso tra il 19 luglio 2001 e il 1 agosto 2001, mentre viene rispettato per tutto l'anno 2002, ad eccezione di un valore giornaliero (23 gennaio).

Per quanto concerne il secondo valore guida, nel 2001 è rispettato per il 81,09% dei giorni, mentre per il 2002 la percentuale cresce notevolmente fino ad una percentuale di 96,70%.

Figura 18 - Andamento delle medie giornaliere di PTS – Ancona Porto

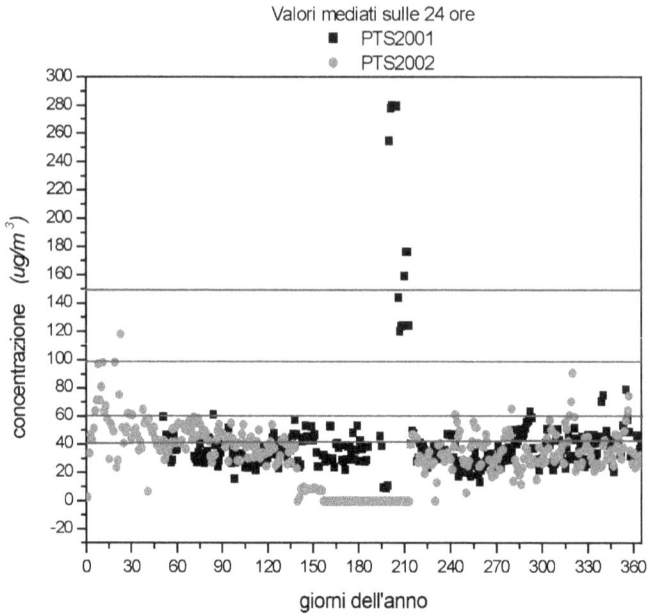

Per quanto riguarda la distribuzione delle frequenze orarie della direzione e velocità del vento, nelle stazioni di Ancona Porto e Ancona Torrette si sono registrate le situazioni descritte nelle due rose dei venti rappresentate nella figura 19 e nella figura 20. Bisogna dire che il campo anemometrico descritto nella centralina di Torrette sembra evidenziare un classico regime di brezza terra – mare, mentre nella centralina del Porto ciò non si riesce ad individuare.

Figura 19 - Rosa dei venti della stazione Ancona Porto

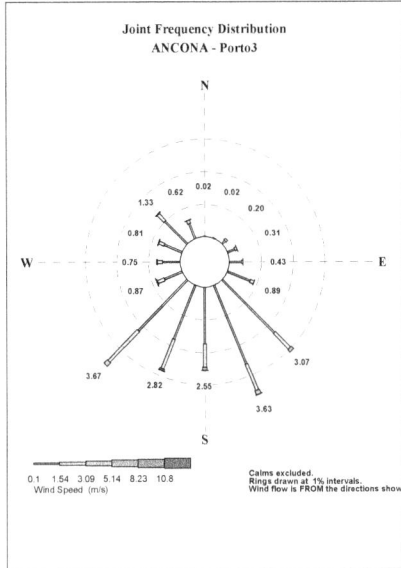

Figura 20 - Rosa dei venti della stazione Ancona Torrette

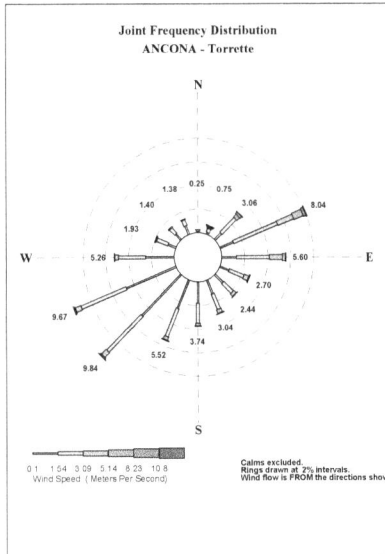

Figura 21 - Modello 3D dell'area oggetto di studio

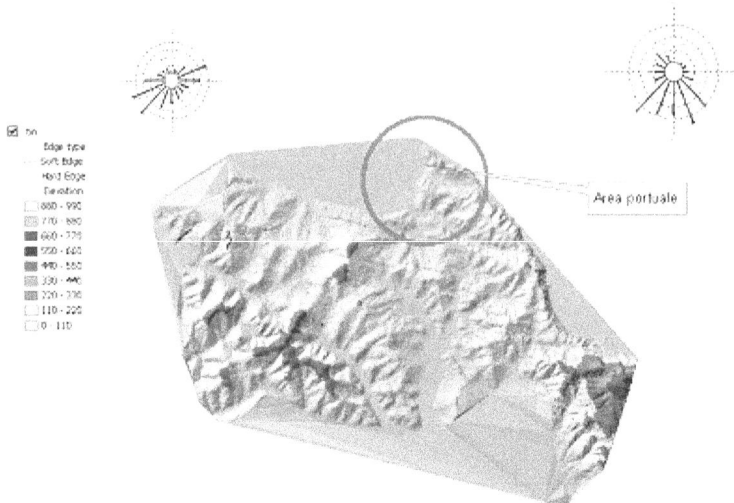

1.6. Capacità dispersiva dell'atmosfera per analisi di lungo periodo

Gli andamenti analizzati non sono stati depurati dagli effetti della meteorologia, che in effetti può svolgere un ruolo significativo. Al fine di valutarne il possibile effetto è stata applicata la metodologia sull'andamento delle concentrazioni medie invernali ed estive di CO: tale inquinante, poco reattivo in atmosfera, si configura come un tracciante della diversa capacità dispersiva dell'atmosfera per analisi di lungo periodo. La sostanziale costanza nel tempo del valore K (rapporto tra concentrazione media invernale ed estiva) mostra che nell'intervallo di tempo esaminato non si sono verificate stagioni meteorologicamente anomale. Assumendo, quindi, che l'influenza meteo può essere tralasciata sul lungo periodo, le tendenze osservate possono considerarsi imputabili ai soli andamenti delle emissioni.

I valori di K, però, hanno dimostrato una sostanziale differenza con valori di altre realtà (attorno a 2,20). Ciò potrebbe essere spiegato anche dalla presenza dell'area portuale che in estate funge da «*centro attrattore*» di una consistente massa autoveicolare turistica. Non è da escludere che le città portuali siano caratterizzate da valori di K prossimi a quelli di Ancona.

Figura 22 - andamento del CO

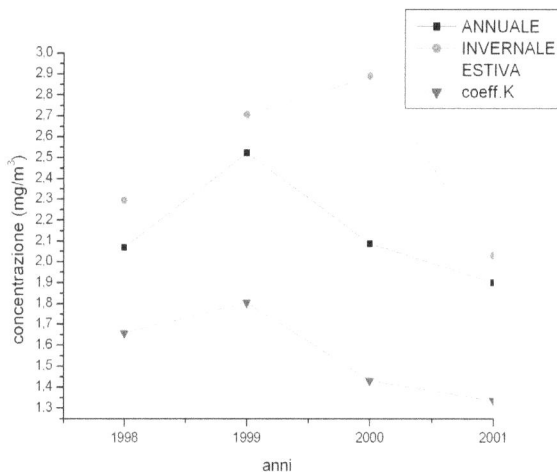

Anno	Media Annuale	Media invernale	Media estiva	coeff. K	Coeff. K
1998	2,0684	2,2945	1.383721	1,65821	**2,20**
1999	2,5226	2,7052	1.499199	1,80443	
2000	2,08774	2,8891	2.019488	1,43061	
2001	1,89989	2,029	1.518281	1,33638	

2. Modellistica

Prima di elaborare un modello fisico – statistico capace di individuare la quota delle polveri attribuibile all'area portuale, si è applicato un modello per valutare la componente preponderante del particolato, distinto in primario, secondario od altro.

Il modello è quello usato in "Source Apportionment of Airborne Particulate Matter in the UK" da Stedman et al.

$$PM_{10} = A \cdot NO_x(urban) + B \cdot SO_4(rural) + C$$

dove:

A*NO_x *urban* = componente del PM relativo ai processi di combustione;

B*SO_4 *rural* = componente del PM secondario regionale;

C = altre componenti di PM.

Figura 23

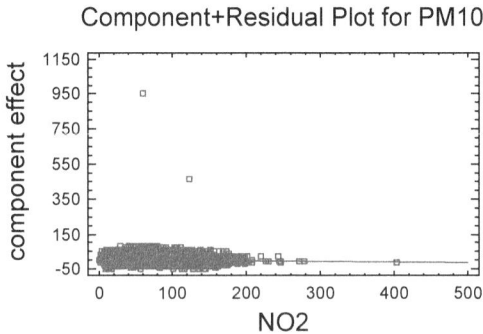

Attraverso la regressione multipla, utilizzando i valori di NO_2 misurati nella centralina di Ancona Piazza Roma, di tipo traffico, ed i valori di SO_2 misurati nella centralina di tipo fondo – rurale posta a Chiaravalle (relativi all'anno 2002 poiché entrambe costituite da serie aventi efficienza maggiore del 75%), si è arrivati alla conclusione che la componente secondaria è pressoché trascurabile.

Figura 24

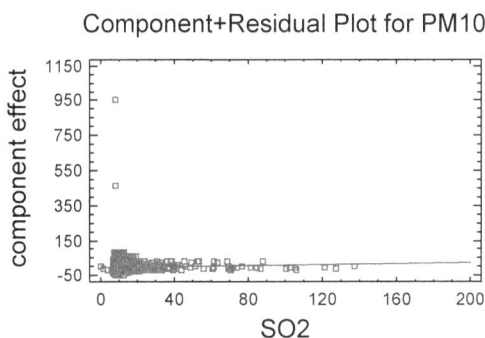

Component+Residual Plot for PM10

L'attenzione si è quindi spostata, ovviamente, sulla componente primaria.

A tal fine si è indagata la dislocazione spaziale delle possibili sorgenti industriali dell'area oggetto di studio, e si è scelto di costruire un vettore di imputazione per arrivare a calcolare la componente «porto».

Figura 25

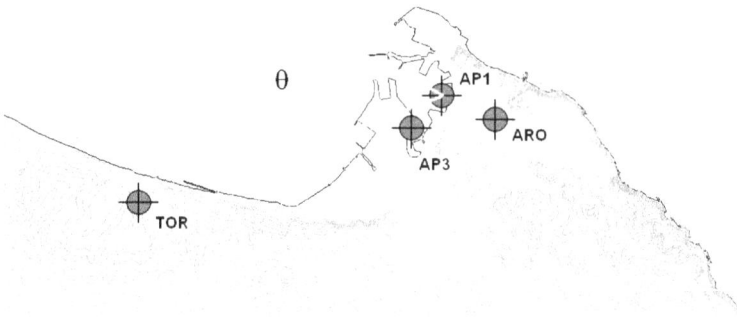

I parametri caratterizzanti la zona industriale vera e propria più la zona di carico/scarico merci, desunti da una ricognizione anche cartografica, sono:

$$\vartheta_0 = \text{centro del settore angolare} = 270° \, \text{Ncw}$$
$$\sigma_\vartheta = \text{semi - ampiezza angolare} = 45°$$

Per il calcolo della concentrazione media di PTS da imputare all'area portuale si è proceduto alla costruzione di un algoritmo basato sulla regressione non parametrica con kernel gaussiano, preferito al kernel di Epanechnikov, che meglio si adattava alla situazione.

La formula seguente calcola la media delle concentrazioni orarie ottenute quando la direzione del vento ha spirato nel settore angolare scelto come imputabile all'area portuale:

$$\overline{C}(\theta, \Delta\theta) = \frac{\sum_{i=1}^{n} K \cdot \left(\frac{\theta - DV_i}{\Delta\theta} \right) \cdot C_i}{\sum_{i=1}^{n} K \cdot \left(\frac{\theta - DV_i}{\Delta\theta} \right)}$$

$K(x) = 1 \ \text{per} - \sigma_0 \le x \le \sigma_0$

$K(x) = 0 \ \text{negli altri casi}$

$\sum_{i=1}^{n} K \cdot \left(\frac{\theta - DV_i}{\Delta \theta} \right) = \text{numero delle misure entro il range} - \sigma_0 \le DV_i \le \sigma_0$

$\int_{-\infty}^{+\infty} K(x)dx = 1$

Il kernel (stimatore) può essere:

$K(x) = (2\pi)^{-\frac{1}{2}} \cdot e^{-0.5x^2} \ \text{con} - 8 < x < 8 \ \text{(kernel Gaussiano)}$

$K(x) = 0.75 \cdot (1 - x^2) \ \text{con} - 1 < \text{x} < 1 \ \text{(kernel di Epanechnikov)}$

Nell'indagare la zona portuale si è constatato che, oltre alla zona di carico e scarico delle navi, esiste anche un'importante attività industriale per la produzione di olio vegetale da semi di soia. Sono previste, quindi, movimentazioni meccaniche di soia che possono, spezzando il baccello, liberare l'endotossina in esso contenuta e contribuire alla formazione di polvere allergenica.

La fase più critica di queste operazioni risulta essere proprio la fase di ricezione della materia prima poiché, come si vede dalla figura seguente, in cui è riportato uno stralcio del documento AP-42 dell'U.S. EPA sui fattori di emissione, non vengono utilizzati dispositivi di contenimento delle emissioni, a differenza delle altre fasi in cui si utilizzano cicloni, ed il fattore di emissione risulta essere pari a 68 g/tonnellata.

Figura 26 - stralcio AP-42 dell'U.S. EPA

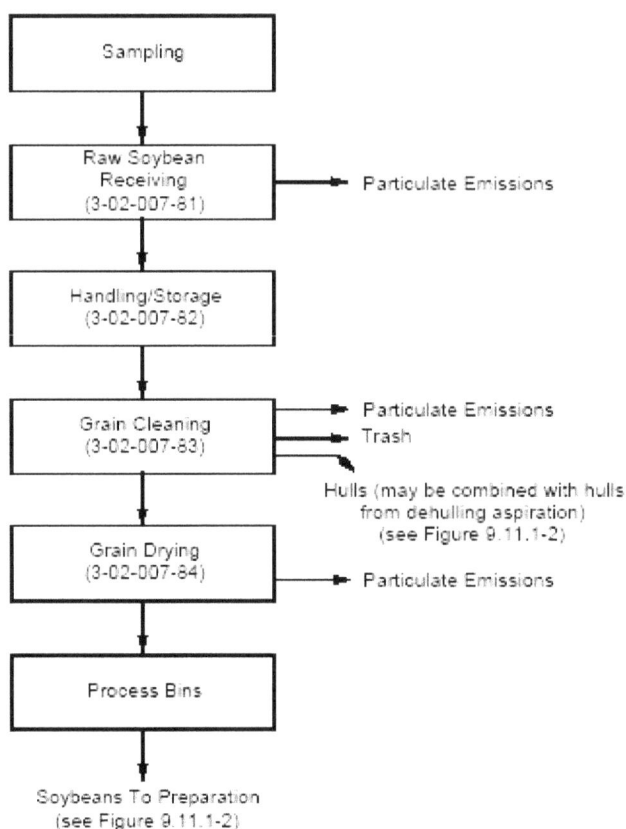

Figura 27 - stralcio AP-42 dell'U.S. EPA

Process	Control Device	Emission Factor (lb/ton)[b]
Receiving[c] (SCC 3-02-007-81)	None	0.15
Handling (SCC 3-02-007-82)	ND	ND
Cleaning (SCC 3-02-007-83)	ND	ND
Drying (SCC 3-02-007-84)	ND	ND
Cracking/dehulling (SCC 3-02-007-85)	Cyclone	0.36
Hull grinding (SCC 3-02-007-86)	Cyclone	0.20
Bean conditioning (SCC 3-02-007-87)	Cyclone	0.010
Flaking rolls (SCC 3-02-007-88)	Cyclone	0.037
White flake cooler (SCC 3-02-007-92)	Cyclone	0.95
Meal cooler (SCC 3-02-007-90)	Cyclone	0.19
Meal dryer (SCC 3-02-007-89)	Cyclone	0.18
Meal grinder/sizing (SCC 3-02-007-93)	Cyclone	0.34
Meal loadout[d] (SCC 3-02-007-91)	None	0.27

Per valutare l'effetto di questa emissione, derivante dalla prima fase dell'attività industriale, si è proceduto all'applicazione di un modello a box. Il box di riferimento è stato costruito sulla base di alcune approssimazioni, la prima delle quali è che l'inquinante si considera perfettamente miscelato. Per poter ottenere una soluzione all'equazione di continuità:

$$X \cdot \frac{h \cdot \partial C}{\partial t} = X \cdot Q_a + h \cdot u \cdot (C_b - C) + X \cdot (C_a - C) \cdot \frac{\partial h}{\partial t}$$

è necessario stabilire opportune ipotesi iniziali e condizioni al contorno.

1. Per prima cosa si considera una turbolenza atmosferica totale con altezza di mescolamento h pari all'altezza del box stesso; si ritiene cioè presente una turbolenza

tale da garantire una concentrazione costante ed omogenea in ogni punto del volume definito.

2. La velocità e la direzione del vento vengono considerati costanti ed indipendenti dal luogo, dal tempo e dallo spazio. Questa risulta essere una grande semplificazione essendo ben nota la dipendenza delle caratteristiche del vento da rugosità, quota e stabilità atmosferica.

3. Le emissioni inquinanti, all'interno del box, vengono considerate non puntiformi ma definite per unità d'area e si considerano generate ad una velocità costante.

4. Si considera, poi, che non entri inquinante dalle superfici laterali del parallelepipedo parallele alla direzione di propagazione del vento.

È stato scelto un box avente le seguenti dimensioni:

Box = 2000 x 2000 metri

H (PBL) = 200 metri (caso peggiore)

H(PBL) = 800 metri (caso medio)

Vbox = 800.000.000 m3

Ef = 68,04 g/ton

Qtot = 209.394 ton/y

Ma = 14.246,93 kg

Mg = 39,03 kg

$$\Delta C \cdot V_{BOX} = Massa_{giorno}$$

$$\Delta C_{max} = \frac{M_{giorno}}{V_{BOX}} = 48\,\mu g/m^3$$

$$\Delta C_{media} = \frac{M_{giorno}}{V_{BOX}} = 13\,\mu g/m^3$$

In particolare sono state considerate due condizioni: la prima è quella peggiore dove H=PBL è stata posta uguale a 200 metri, attingendo dai dati di uno studio approfondito su una città portuale americana, e l'altra come condizione media. I risultati ottenuti sono, rispettivamente, pari a 13 e 48 ug/m³.

3. Campagna diretta di monitoraggio

Per confermare tali risultati è stata predisposta una campagna di monitoraggio presso il Porto e presso la facoltà di Ingegneria, utilizzando questa ultima località come postazione in grado di rilevare l'inquinamento di fondo.

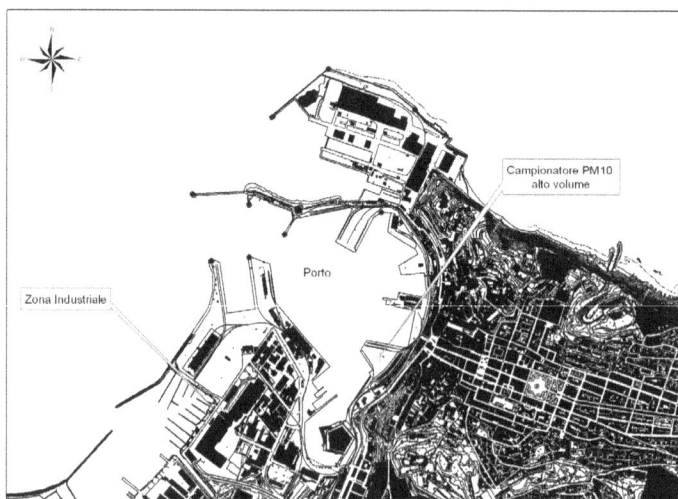

Nella tabella seguente sono riportati i valori statistici delle misure, che confermano tutte le conclusioni precedenti. Ci sono anche i valori del monitoraggio, tramite mezzo mobile, dell'ARPAM. I valori sono sensibilmente diversi, anche perché il mezzo dell'Arpam è stato posizionato vicino all'imbarco passeggeri, mentre il nostro vicino all'imbarco dei TIR.

PORTO   *UNIVERSITÀ*   *PORTO (ARPAM)*

	PORTO	UNIVERSITÀ	PORTO (ARPAM)
Min	22.795	10.366	22.400
Max	97.622	33.633	46.000
Range	74.827	23.267	23.600
Median	65.138	11.259	32.300
Mean	58.765	16.451	33.080
St. Error	13.260	4.430	3.762
St. Dev	29.650	9.905	8.412

Si è anche costruito una metodologia, simile alla metodica delle *Smoke Charts di Ringelmann*, idonea alla quantificazione del PM_{10} dall'analisi della scala dei grigi dell'immagine del filtro, acquisito in condizioni standard. Utilizzando un comune software di fotoritocco si è proceduto alla lettura, nei 5 punti indicati in figura, del coefficiente K_b, ovvero il livello di nero. Attraverso la regressione polinomiale si è costruito le relazioni esistenti tra il valore della concentrazione di PM₁₀ ed il valore K_b. Bisogna dire che per quanto riguarda la postazione dell'Università la correlazione è molto alta, mentre per il Porto è leggermente inferiore. Questa a conferma che nel Porto la componente carboniosa è relativamente inferiore.

Figura 28

$$BoxCox(PM_{10}) = 3,678 \cdot k_B - 146,44$$
dove
$$BoxCox(PM_{10}) = 1 + \frac{PM_{10}^{-4,58}}{4,58 \cdot 63,86^{3,58}}$$

Figura 29

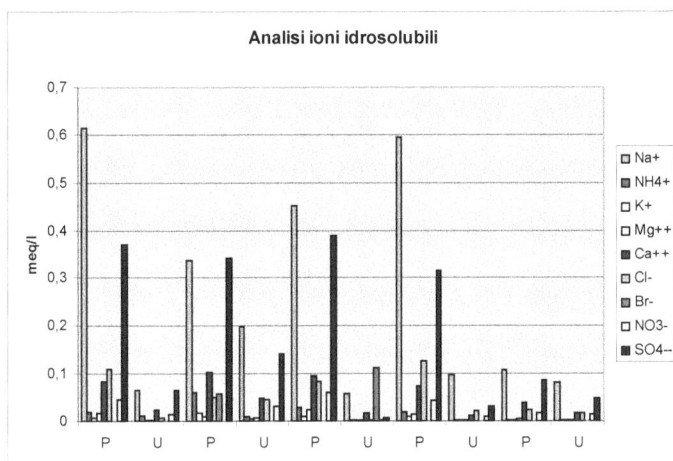

Analisi ioni idrosolubili

I risultati dei modelli costruiti sono stati confermati sostanzialmente dalle misure dirette. A questo punto si è trattato di valutare se esiste la componente allergenica. Attraverso l'analisi chimica della frazione idrosolubile del particolato sembra individuata la componente marina, ma l'aspetto più importante è che, sull'analisi della parte organica non idrosolubile, sono stati individuati dei traccianti per individuare la componente vegetale. Le sostanze sono:

- Stigmasterolo
- B-sitosterolo
- N-triacontan 1-olo

Per i quali sono state condotte analisi tramite tecniche gascromatografiche e spettroscopiche IR. Due tipici cromatogrammi sono rappresentati nella figure 30 e 31.

Figura 30

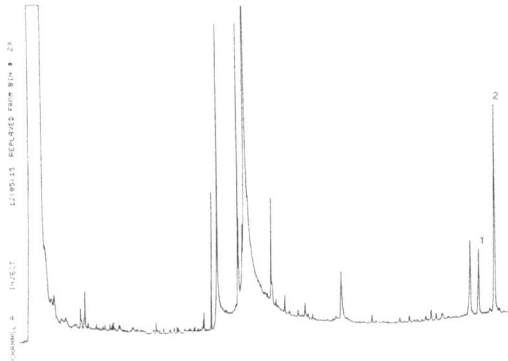

Figura 31

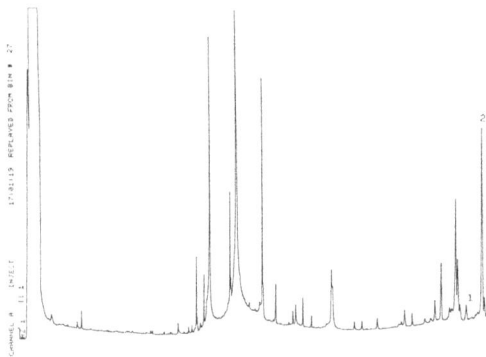

Nel prossimo futuro, e con questo si sottolinea che il lavoro è ancora in progress, c'è da studiare e valutare la correlazione di questi markers con le indagini «di tipo biologico» per accertare, con particolari tecniche, la presenza dell'allergene, effettuate sui campioni di polvere raccolti da un team di ricerca spagnolo.

L'insieme delle indicazioni già ottenute suggeriscono la fattibilità di un sistema integrato di campionamento – analisi quale metodologia utilizzabile nella valutazione e nella gestione dell'inquinamento dovuto a polveri vegetali.

CAPITOLO III

LA TECNOLOGIA FILTRANTE

1. Introduzione

Accertata la presenza del rischio, si è aperta l'ultima fase della ricerca, squisitamente tecnico – ingegneristica, cioè quella della possibile soluzione del problema, per quanto possibile intervenendo alla fonte principale di emissione. Infatti il vero controllo delle emissioni dovrebbe essere l'attivazione di soluzioni atte ad impedire che l'inquinamento si formi.

Negli ultimi anni, tali azioni sono state intraprese da molte industrie, ciononostante, nessun processo può essere fatto al 100% dell'efficienza, e ci saranno sempre delle emissioni che devono essere controllate.

2. Tecnologie idonee alla filtrazione del particolato

2.1. Meccanismi di filtrazione del particolato

Le operazioni di base per la filtrazione e la raccolta del particolato di alcuni dispositivi sono: la separazione delle particelle trasportate da un flusso gassoso per deposizione su di una superficie di raccolta; ritenzione di tale deposito sulla superficie di raccolta e la sua successiva rimozione. La fase di separazione richiede una forza che produce un moto differenziale della particella rispetto al flusso gassoso ed un tempo di

ritenzione sufficiente alla particella per emigrare sulla superficie di raccolta. I meccanismi principali di deposizione di aerosol sono: la deposizione gravitazionale, l'intercettamento
della linea di flusso, la deposizione inerziale, la deposizione
diffusionale, e la deposizione elettrostatica.

2.1. La filtrazione elettrostatica

L'impiego della elettricità statica per purificare l'aria
non è certo un concetto nuovo: già nel 1883 Sir Oliver Lodge,
illustre fisico britannico, pubblicò sulla rivista *Nature* un ar-
ticolo che illustrava questa possibilità. Allora più che oggi
l'atmosfera di Londra era pesantemente inquinata dallo *smog*
e si imponeva la ricerca di una soluzione efficace: purtroppo
la tecnologia del tempo non si rivelò all'altezza della lungimi-
rante idea ed i primi tentativi si rivelarono un fiasco. Ma il
seme gettato germogliò nel 1907 ad opera di un brillante pro-
fessore di chimica californiano, F.G. Cottrrell, che realizzò un
dispositivo elettrostatico per l'abbattimento dei fumi provenienti da un impianto per la sintesi di acido solforico. Nel
volgere di pochi anni le applicazioni industriali si moltiplica-
rono, tanto che Cottrell, con i proventi del brevetto, creò nel
1912 una fondazione. Gli studi promossi da questa fondazione
costituiscono ancora oggi l'impalcatura teorica della filtrazione elettrostatica dell'aria. Dagli Stati Uniti questa tecnologia
riattraversò ben presto l'Atlantico per diffondersi ampiamente in Europa ed in tutti i Paesi industrializzati, dove viene

tuttora impiegata in una grandissima varietà di dispositivi di filtrazione, sia in ambito industriale che civile.

2.1.1. Principi del funzionamento

Il processo di precipitazione elettrostatica è costituito da tre stadi fondamentali:

I)   cessione di una carica elettrica a particelle in sospensione nell'aria;

II) cattura delle particelle;

III) rimozione delle particelle catturate.

Nei precipitatori elettrostatici reali, l'elettrizzazione delle particelle avviene per mezzo di un dispositivo di ionizzazione per scarica ad effetto corona. L'effetto corona si ottiene in presenza di un campo elettrico fortemente non uniforme, condizione che si ottiene applicando una tensione continua di elevato valore su un filo di piccolo diametro o su delle punte. Gli elettroni fortemente accelerati dal campo elettrico provocano la ionizzazione dei gas che compongono l'aria circostante. Gli ioni prodotti entrano in collisione con le particelle in sospensione e cedono loro una carica elettrica: ogni particella può essere caricata dall'azione di più ioni, fino a raggiungere elevati livelli di carica (più o meno a seconda della resistività della particella). Ogni particella caricata è soggetta ad una forza di attrazione esercitata da un elettrodo collettore, forza che dipende dall'entità del campo elettrico e dalla distanza: questa forza provoca la precipitazione della particella sul collettore, dove viene trattenuta da un insieme di forze meccaniche, elettriche e molecolari (forze di van der Vaals). Una volta depositate, le particelle devono essere periodicamente rimosse dal collettore, attraverso l'azione detergente di un liquido oppure una azione meccanica di percussione o vibrazione. La rimozione dei depositi, a seconda delle tipologie costruttive dei filtri, può essere effettuata anche durante il funzionamento, evitando con opportuni accorgimenti il trascinamento degli agglomerati da parte del flusso d'aria.

L'effetto corona, che rappresenta il fenomeno fisico fondamentale alla base della precipitazione elettrostatica, può essere spiegato esaminando i fenomeni coinvolti nella conduzione di elettricità nei gas.

I gas che si trovano comunemente negli effluenti dei processi industriali sono essenzialmente composti da molecole prive di carica, ad esempio ossidi di zolfo, di carbonio, di azoto, nonché azoto e ossigeno molecolari. Queste molecole non sono influenzate dall'applicazione di un normale campo elettrico, se non per una debole polarizzazione; in queste condizioni non scorre praticamente corrente. Applicando un campo elettrico di intensità sufficientemente elevata su un filo metallico di piccolo diametro, gli elettroni liberi che si trovano nelle immediate vicinanze possono essere violentemente accelerati: quando questi elettroni colpiscono le molecole dei gas circostanti, provocano un impatto sufficientemente forte per «strappare» altri elettroni, creando così nuovi elettroni liberi e ioni positivi. Questi nuovi elettroni liberi vengono a loro volta accelerati provocando nuovi impatti e così via, in un vero e proprio effetto «*valanga*». Gli ioni positivi prodotti vengono attratti dal filo: il loro impatto provoca la liberazione di nuovi elettroni liberi (elettroni secondari) che entrano a far parte della reazione a valanga. Questi fenomeni avvengono entro breve distanza dal filo, dove l'intensità del campo elettrico è sufficiente ad innescare il processo; questa distanza è detta «*zona di corona*». Ai margini della zona di corona abbiamo una notevole quantità di elettroni liberi, i quali urtando molecole di gas elettronegativi come l'ossigeno e l'anidride carbonica danno origine a ioni negativi. Al di là della zona di corona si trova la cosiddetta «*zona di quiescenza*», nella quale si muovono liberamente gli ioni negativi prodotti: sono proprio questi ultimi che urtando le particelle inquinanti in sospensione sono in grado di caricarle elettrostaticamente, provocandone la precipitazione sull'elettrodo collettore connesso a terra. Quindi la notevole differenza di potenziale applicata tra filo ed elettrodo collettore provoca un passaggio di corrente che, entro la zona di corona è veicolata dagli ioni positivi, ai margini tra zona di corona e zona quiescente dagli elettroni liberi, nella zona quiescente dagli ioni negativi. Quando si è in presenza di campi elettrici troppo elevati, oppure la concentrazione di gas elettronegativi negli effluenti è troppo bassa, gli elettroni liberi sono in grado di raggiungere direttamente l'elettrodo di massa, provocando così un repentino aumento della corrente, cioè una vera e propria scarica (*sparko-*

ver). In genere un filtro elettrostatico industriale possiede la massima efficienza di abbattimento quando viene fatto funzionare immediatamente a ridosso della soglia di scarica. I filtri elettrostatici vengono correntemente impiegati come dispositivi di filtrazione ad alta efficienza destinati all'abbattimento di tutto ciò che si presenta sotto forma di corpuscolo od aerosol, in un intervallo molto ampio di dimensioni. In alcune applicazioni, si sfruttano anche reazioni indotte di tipo chimico-fisico che avvengono all'interno del filtro (es. *ozonizzazione*) per neutralizzare sostanze di tipo gassoso o sotto forma di vapore, che normalmente non potrebbero essere trattenute elettrostaticamente. Specialmente nelle applicazioni industriali, l'elettrofiltro viene progettato su misura per una data applicazione: questo fatto ha comportato la comparsa sul mercato di varie «*interpretazioni*» sul tema, che in questa sede potremo esaminare solo brevemente ed in modo parziale.

Le caratteristiche che offre questa tecnologia risultano interessanti per tutti gli utilizzi che richiedano elevate rese di filtrazione su granulometrie anche molto ridotte, in abbinamento a perdite di carico contenute: lo scotto da pagare è rappresentato da ingombri non proprio contenuti (gli elettrofiltri mal sopportano velocità dell'aria superiori a 1,5 m/sec, quindi occorre abbondare con le sezioni) e da costi di installazione e manutenzione non trascurabili.

2.1.2. Campo di applicazione del sistema

È certamente uno dei sistemi di più larga ed antica applicazione nel settore della depolverazione industriale. Dalle prime esperienze dell'ideatore Cottrel in fumi di fonderie e cementifici l'impiego si è esteso alle più svariate attività di produzione quali centrali termoelettriche, raffinazione del petrolio, incenerimento dei rifiuti, cartiere, materiali da costruzione ed industrie dei metalli non ferrosi.

Figura 32 - Principio di funzionamento del filtro a doppio stadio
(da Perry R.H., 1997. Perry's Chemical Engineers' Handbook)

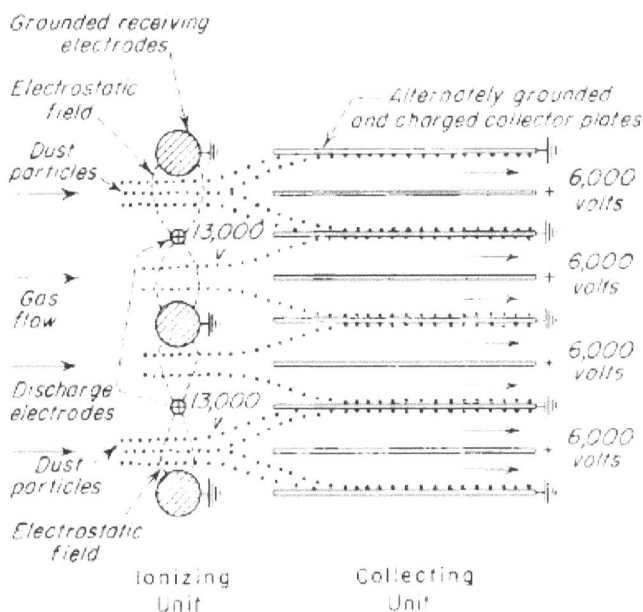

2.1.3. Caratteristiche delle polveri

Le principali caratteristiche delle particelle che influenzano l'efficienza di rimozione sono la granulometria e la resistività. La granulometria è coinvolta sia nel processo di carica, controllato dagli urti fra ioni e particelle di dimensioni superiori ad 1 μm, sia in quello controllato dalla diffusione browniana, significativo per particelle inferiori ad 1 μm.

Qualche complicazione all'impiego del sistema può derivare dalla resistività delle polveri. La teoria e la pratica indicano che una resistività compatibile con un funzionamento regolare dell'elettrofiltro è compresa tra un valore di 103 Ω cm e 1010 Ω cm. Per valori di resistività al di sotto di 103 Ω cm le particelle, depositatesi sull'elettrodo di raccolta, acquistano facilmente dall'elettrodo una carica dello stesso segno ed un'elevata possibilità di essere ri-trascinate nel flusso gassoso. Resistività superiori a 1010 Ω cm determinano, per l'elevata differenza di potenziale che si vengono a creare tra le due facce dello strato di polvere trattenuto sull'elettrodo di raccolta, scariche elettriche che provocano gravi perturbazioni al voltaggio operativo dell'elettrofiltro e sensibile decadimento delle efficienze di rimozione (effetto di «*back-corona*»).

3. Prove sperimentali su filtro a doppio stadio

Il rendimento di abbattimento di un filtro elettrostatico è funzione del flusso di aspirazione, della superficie dell'elettrodo di raccolta e della velocità di migrazione della particella. Questa velocità è a sua volta funzione complessa delle caratteristiche fisiche e chimiche delle particelle e delle caratteristiche elettriche imposte al filtro.

La rappresentazione più utilizzata a questo proposito è legata alla relazione di tipo esponenziale comunemente riferita a Deutsch – Anderson:

$$\eta = 1 - e^{\left(-\frac{A}{Q} \cdot w_p \right)}$$

Con A che rappresenta la superficie dell'elettrodo di raccolta, Q la portata volumetrica e w_p la velocità di migrazione della particella.

La definizione per via teorica del rendimento di un elettrofiltro ricopre un notevole interesse progettuale se permette di definire le caratteristiche geometriche ed elettriche in base alla tipologia della sostanza inquinante.

Figura 33

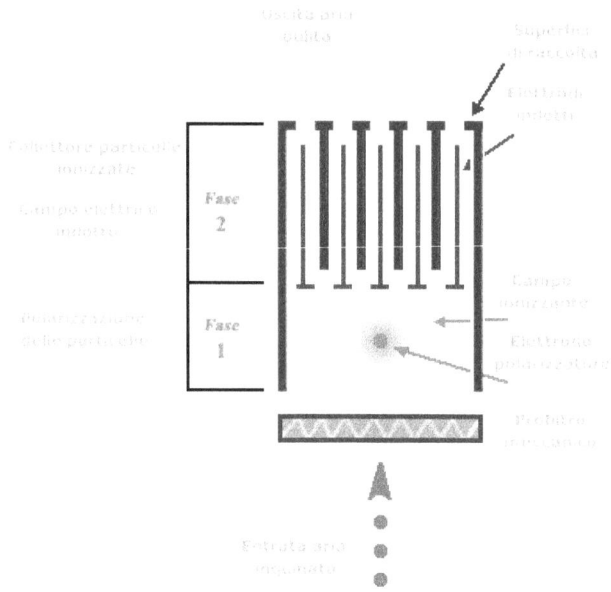

Filtro elettrostatico/elettronico attivo a piastre tipo "FEMEC"

Una possibile rappresentazione analitica del modello di comportamento dell'elettrofiltro può essere basata sul rapporto (W) tra la carica elettrica che la particella possiede all'entrata del collettore (Q) ed il suo diametro medio (d_m)

$$W = \frac{Q}{d_m^3}$$

L'ipotesi preliminare alla base del modello è che il moto dell'aria all'interno del collettore sia laminare e le forze fluidodinamiche agenti sulle particelle di inquinante siano trascurabili rispetto alle forze elettriche.

Tale ipotesi è supportata dalla distanza tra le piastre del collettore, scelta in modo che il numero di Reynolds del flusso sia inferiore a 500, cioè al di sotto del valore limite per lo sviluppo del moto turbolento.

Nel percorrere il canale del collettore le particelle di inquinante subiscono una deviazione media che tende ad attirarle verso le piastre.

La variazione media della densità nel collettore può essere determinata con le seguenti assunzioni:

- il processo è stazionario;

- la concentrazione c è funzione solamente della coordinata x;

- le particelle una volta depositate non possono rientrare in ciclo.

Lo schema bidimensionale che si deduce in seguito alle precedenti ipotesi per il tratto del collettore nell'elettrofiltro viene descritto nella figura seguente.

Figura 34 - Schema bidimensionale del collettore

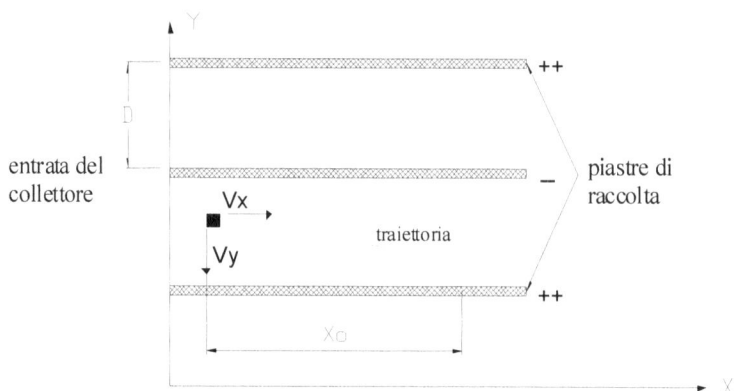

In base alle precedenti ipotesi l'equazione di continuità è espressa nella seguente forma:

$$\int \nabla\left(c(x)\cdot\overline{V}\right)dydz = 0$$

Dove $\overline{V}$ è il vettore che rappresenta la velocità. Integrando lungo "y" si ottiene la seguente equazione:

$$\int \frac{\partial c}{\partial x}\cdot V_x dydz + \int c\cdot\frac{\partial V_y}{\partial y}\cdot dydz = 0$$

Per l'indipendenza di c da y e z si ottiene:

$$\frac{dc}{dx}\cdot V_x\cdot D\cdot h + c\cdot\left[V_y\right]_{-\frac{D}{2}}^{\frac{D}{2}}\cdot h = 0$$

Dalla quale si giunge, con la condizione al contorno $c(x=0)=c_0$,

$$c(x) = c_0\cdot e^{\left[-\frac{1}{V_x\cdot D}\int V_y(x)dx\right]}$$

Dove Vx è la velocità del fluido nel collettore, Vy è definita come la frazione delle particelle trasportate nell'unità di massa del fluido che viene raccolta dalle pareti del collettore nell'unità di tempo, D è la distanza fra le piastre del collettore, h la loro altezza in direzione z.

Da questa equazione è immediato dedurre il rendimento ϕ definito come:

$$\phi = \frac{c_0 - c(x)}{c_0}$$

Quindi:

$$\phi = 1 - e^{\left[-\frac{1}{V_x \cdot D} \cdot \int V_y(x)\,dx \right]}$$

Il rendimento ϕ così ottenuto ha come unica incognita V_y.

Vy è funzione della intensità del campo elettrico nel collettore Ec, di D, della velocità dell'aria Vx e di W che rappresenta la capacità della particella di caricarsi e l'efficienza dello ionizzatore nel coadiuvarla.

Mentre le prime tre grandezze possono essere definite in modo deterministico, W è una variabile aleatoria che dipende dalla forma e dimensioni della particella e dal tempo di permanenza nella zona di ionizzazione.

3.1.   Caratteristiche fisiche e chimiche degli aerosoli impiegati nelle misure

L'aerosol utilizzato per la generazione delle particelle da rimuovere tramite elettrofiltro è stato ottenuto tramite un generatore ultrasonico di umidità. L'umidificatore è stato caricato con soluzioni acquose di vari elettroliti ed a varie concentrazioni.

Figura 35 - Generatore ultrasonico di umidità

Due analizzatori di particelle operanti sul principio del light scattering sono stati impiegati per monitorare l'ingresso e l'uscita del filtro.

La tensione applicata e la corrente nell'elettrodo di scarica sono stati registrati contestualmente alle altre misure ed i dati raccolti su data logger per le successive elaborazioni.

3.2.   Distribuzione del diametro delle particelle impiegate

Una stima a priori del diametro delle particelle ottenibili tramite l'umidificatore può essere ottenuta dall'applicazione della teoria dell'onda capillare, per la quale onde capillari vengono generate sulla superficie del liquido in un campo ultrasonico.

Con sufficiente approssimazione le goccioline che si formano hanno una dimensione che è una frazione costante della lunghezza d'onda capillare:

$$D_g = 0.34 \cdot \sqrt[3]{\left(8 \cdot \pi \cdot \frac{T_s}{d_l} \cdot f^2 \right)}$$

Dove D_g è il diametro mediano della gocciolina, d_l la densità del liquido (1,0 g/cm₃ per soluzioni acquose diluite), T_s la tensione superficiale del liquido (72,7 dine/cm^2 per acqua a 20° C) ed f la frequenza di eccitazione del trasduttore ultrasonico.

L'equazione di sopra fornisce un diametro mediano di 2 um per acqua in un campo ultrasonico di 2,0 MHz. Essa sembra appropriata per la determinazione del diametro delle goccioline per frequenze fino a 3 MHz, anche se alcuni ricercatori ipotizzano che un meccanismo alternativo di formazione della gocciolina possa essere importante.

Una volta aerolizzata, l'acqua rapidamente evapora dalla gocciolina lasciando un residuo contenente i solidi in soluzione e sospesi. Il diametro medio della particella finale può essere determinato a partire: dal diametro della gocciolina originale, dalla densità del soluto non volatile (ds) e dalla concentrazione in acqua (Cw) secondo la seguente equazione:

$$D_p = \sqrt[3]{D_g \cdot \left(\frac{C_w}{d_s} \cdot 10^6\right)}$$

Usando un diametro di goccia di 2,6 mm calcolato per una soluzione all'1% di solfato di ammonio ed una densità media di 2,5 g/cm3 l'equazione individua un diametro residuo di 0,6 um.

Tale condizione operativa rappresenta una situazione critica sia per l'efficienza di rimozione del filtro che per l'effetto complessivo sulla salute.

4. Risultati

L'efficienza di rimozione dei filtri elettrostatici usati è stata valutata sperimentalmente seconda lo schema della figura 2.4.

Figura 36 - Schema della condotta

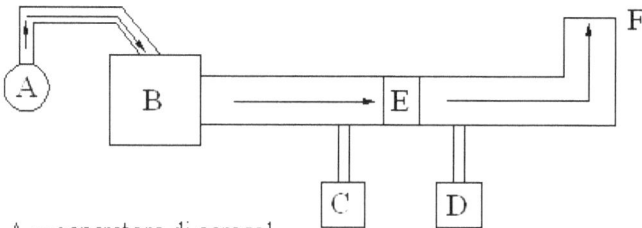

A = generatore di aerosol
B = ugualizzatore
C, D = punti di misura
D = elettrofiltro
F = aspirazione

Figura 37 - Dimensioni della condotta riprodotta in laboratorio

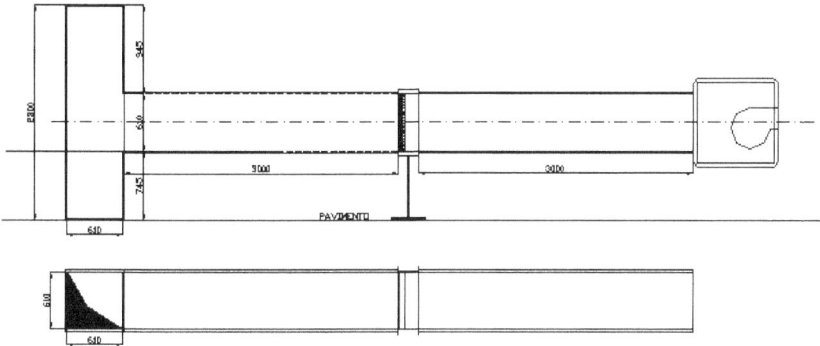

Figura 38 - Fotografie della condotta riprodotta in laboratorio

Gli aerosoli impiegati sono stati generati da soluzioni saline di ammonio solfato, sodio carbonato o sodio cloruro. Nella validazione del modello teorico sono stati utilizzati i soli risultati ottenuti da soluzioni all'1%.

Il rendimento di abbattimento è definito come:

$$\eta = \frac{(C_i - C_u)}{C_i}$$

Dove Ci e Cu sono le concentrazioni in ingresso ed in uscita dell'elettrofiltro.

La relazione tra il diametro delle particelle (N03 = 0,3 μm, N05 = 0,5 μm, N10 = 1,0 μm, N100 = 10,0 μm) e la velocità calcolata è stata modellizzata con la seguente relazione:

$$Y = e^{(a+b\cdot X)}$$

dove:

Y = diametro

X = velocità calcolata.

L'andamento tipico delle relazioni calcolate sono rappresentate nei grafici seguenti:

Figura 39 - N03 = 0,3 μm

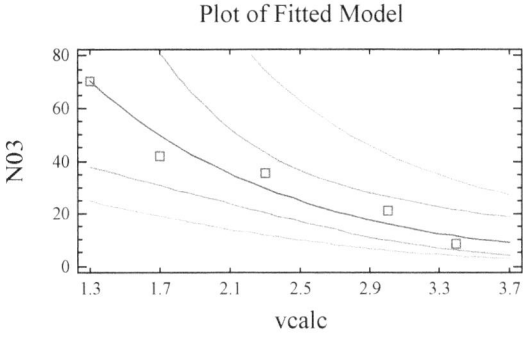

Plot of Fitted Model

Figura 40 - N05 = 0,5 μm

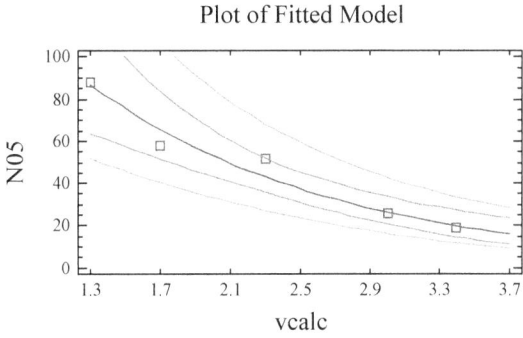

Plot of Fitted Model

Figura 41 - N10 = 1,0 μm

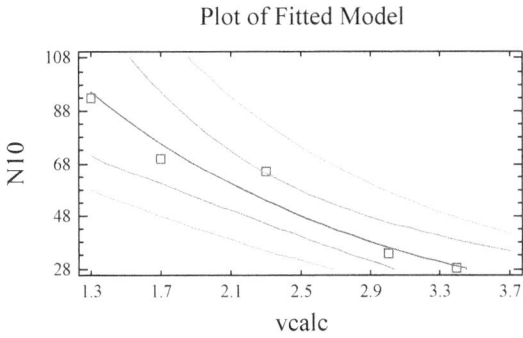

Plot of Fitted Model

Figura 42 - N50 = 5,0 μm

Plot of Fitted Model

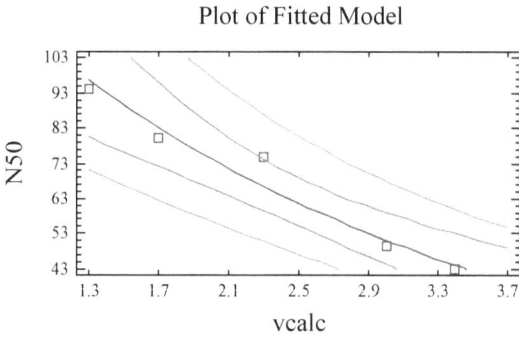

Figura 43 - N100 = 10,0 μm

Plot of Fitted Model

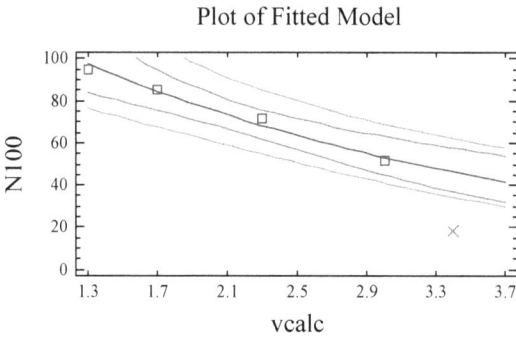

La velocità di drift (velocità terminale elettrica) è stata calcolata attraverso la regressione non lineare tra il rendimento (η) e la velocità calcolata (v$_{calc}$) attraverso la relazione:

$$\eta = 1 - e^{\left(-\frac{v_{drift}}{v_{calc}} \right)}$$

L'andamento tipico di tale relazione è illustrato, per ogni diametro considerato, nelle figure che seguono:

Figura 44 - N03 = 0,3 μm

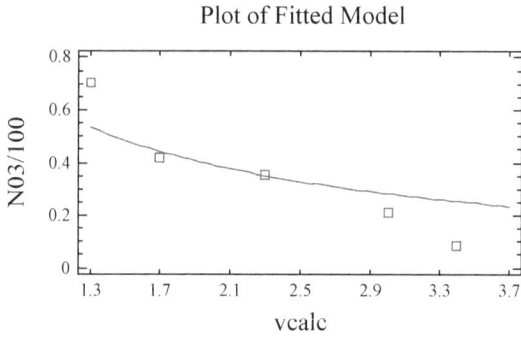

Plot of Fitted Model

Figura 45 - N05 = 0,5 μm

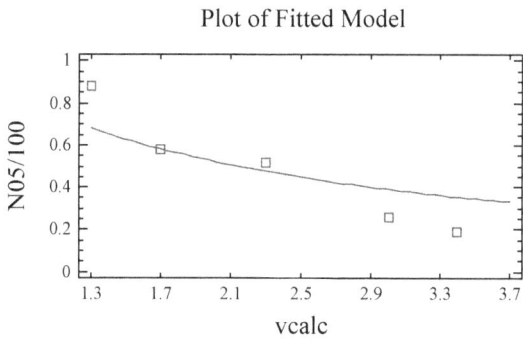

Plot of Fitted Model

Figura 46 - N10 = 1,0 μm

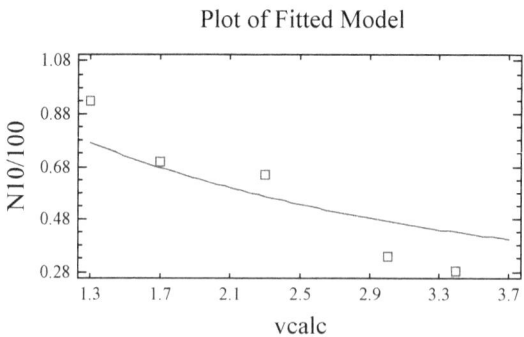

Plot of Fitted Model

Figura 47 - N50 = 5,0 µm

Plot of Fitted Model

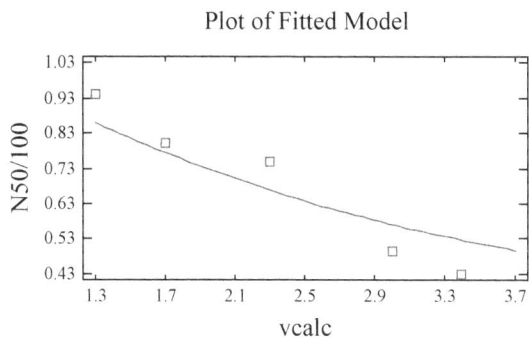

Figura 48 - N100 = 10 µm

Plot of Fitted Model

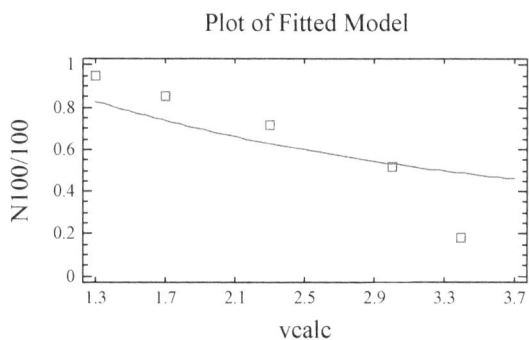

L'andamento del rendimento in relazione alla velocità è espressa nella figura 50, mentre nella figura 49 è rappresentata la relazione tra il diametro del particolato e la velocità di drift.

Figura 49 - Diametro del particolato VS velocità di drift

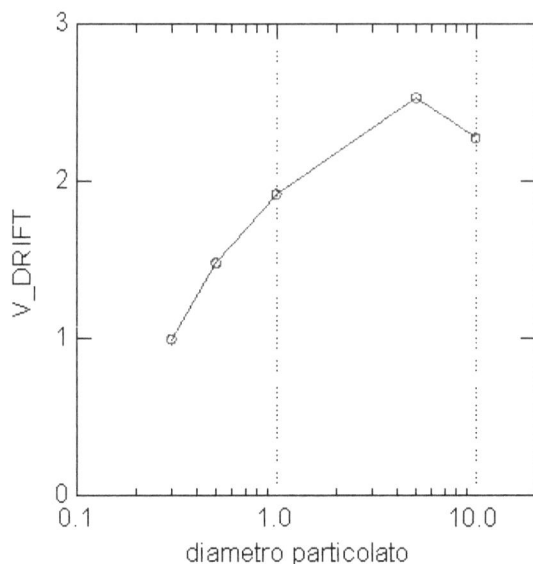

Figura 50 - Relazione rendimento - velocità

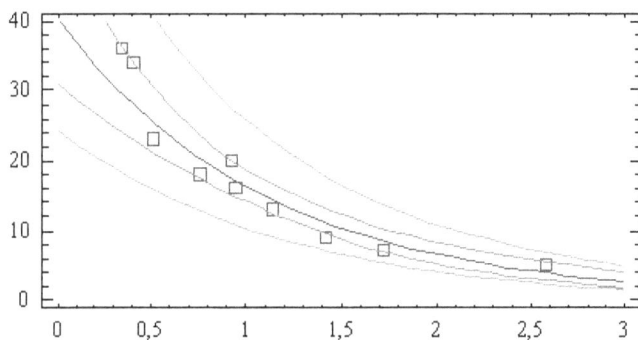

I risultati delle prove hanno mostrato come la curva ottenuta sperimentalmente si interpola perfettamente con la formula teorica di Deutsch – Anderson. La relazione finale ottenuta è la seguente:

$$\eta = e^{(3,69-0,91 \cdot Vel.)}$$

con indice di correlazione pari a 0.96.

5. Conclusioni della sperimentazione

Le prove di laboratorio, condotte con particolato inorganico artificiale, hanno dimostrato una buona efficienza della tecnologia filtrante adottata, ed attraverso delle sperimentazioni sul campo si valuterà l'applicabilità anche sulle polveri vegetali e sulla componente allergenico, durante lo scarico dalle navi e nelle attività industriali della lavorazione del seme.

Ricordando che il lavoro è tutt'ora in fase di svolgimento nell'ambito del progetto finanziato dal Ministero della Salute e dalla Regione Marche denominato «*La Salute va in Porto*», le conclusioni che possono essere tratte in questa fase sono:

- L'analisi delle serie storiche indica una evoluzione positiva del trend di consistenza delle serie;
- Il livello dell'inquinamento da polveri è in diminuzione tendenziale;
- La ricostruzione modellistica adottata riesce ad individuare la componente "Porto". Tale componente costituisce il fattore di rischio sia per i lavoratori dell'area e sia per la popolazione di Ancona;

- Il box model conferma l'ordine di grandezza della concentrazione rilevata;
- i primi risultati del monitoraggio sono in linea con le ricostruzioni fatte e sono in corso delle analisi sia con la strategia dei traccianti chimici che con quella di tipo biologica per verificare l'importanza della componente allergizzante nella polvere vegetale;
- le prove di laboratorio condotte con particolato inorganico artificiale hanno dimostrato una buona efficienza della tecnologia filtrante adottata ed attraverso delle sperimentazioni sul campo si valuterà l'applicabilità anche con le polveri vegetali, durante lo scarico dalle navi e nelle attività industriali della lavorazione del seme.

Appendice

Dati ambientali

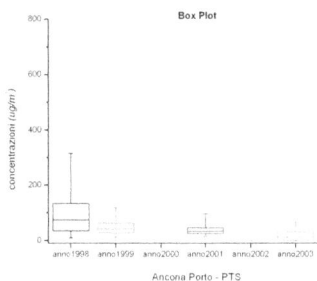

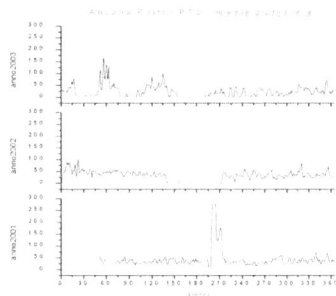

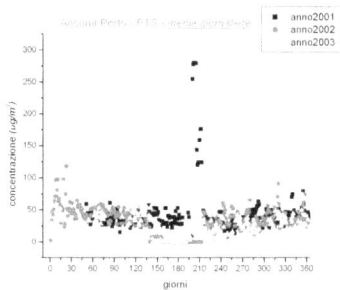

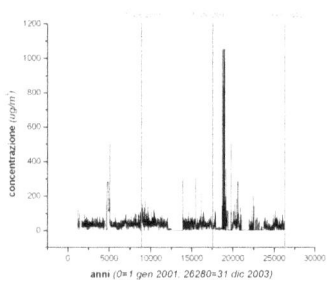

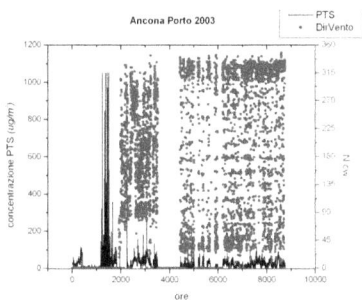

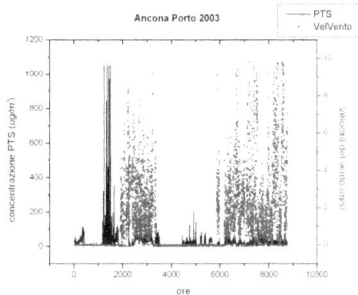

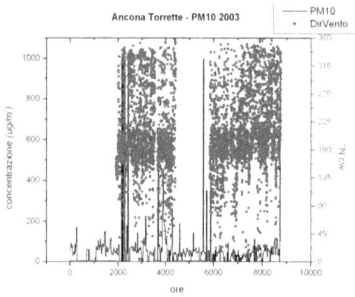

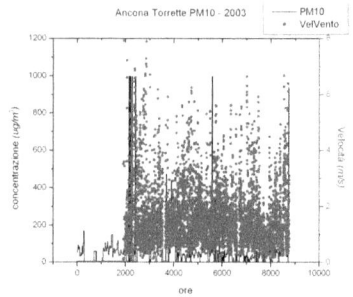

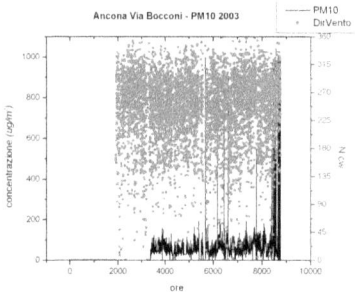

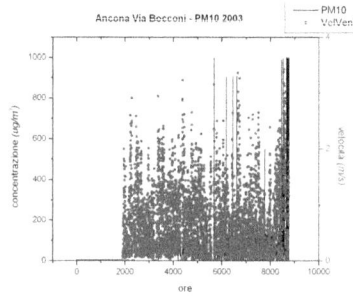

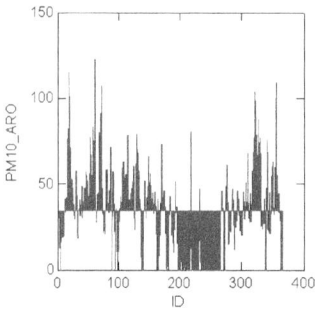

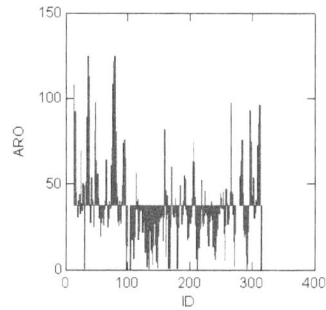

Piazza Roma – Medie giornaliere anno 2003 (media 34,38
μg/m³)

Piazza Roma – Medie giornaliere anno 2004 (media
37,633 μg/m³)

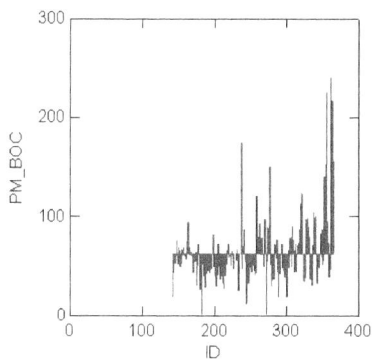

Via Bocconi – Medie giornaliere anno 2003 (media 63,65
$\mu g/m^3$)

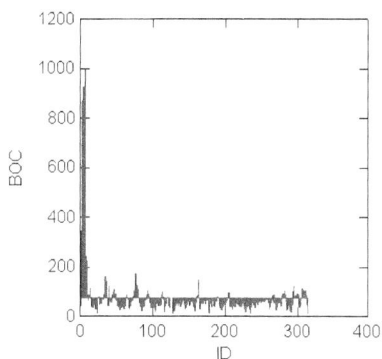

Via Bocconi – Medie giornaliere anno 2004 (media 74,75
$\mu g/m^3$)

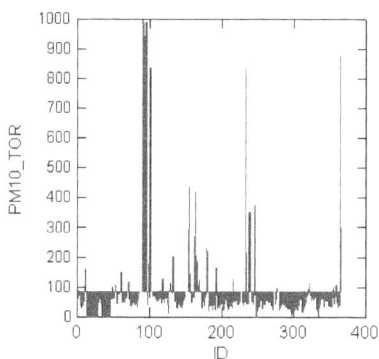

Torrette – Medie giornaliere
anno 2003 (media 84,46
$\mu g/m^3$)

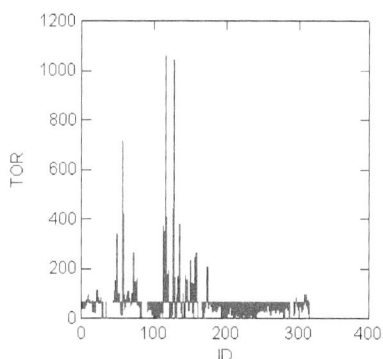

Torrette – Medie giornaliere
anno 2004 (media 67,22
$\mu g/m^3$)

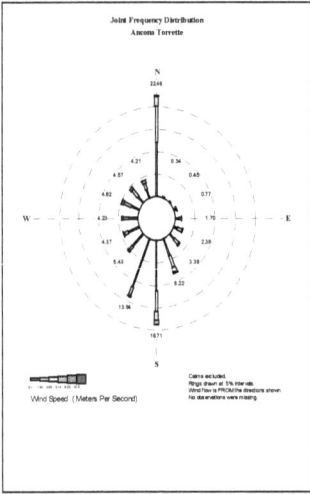

Joint Frequency Distribution
Ancona Torrette

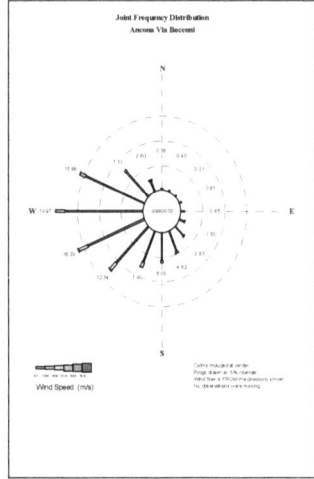

Joint Frequency Distribution
Ancona Via Bocconi

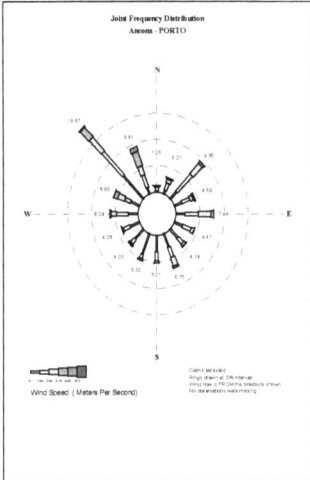

Joint Frequency Distribution
Ancona - PORTO

Figura 51 - area di studio

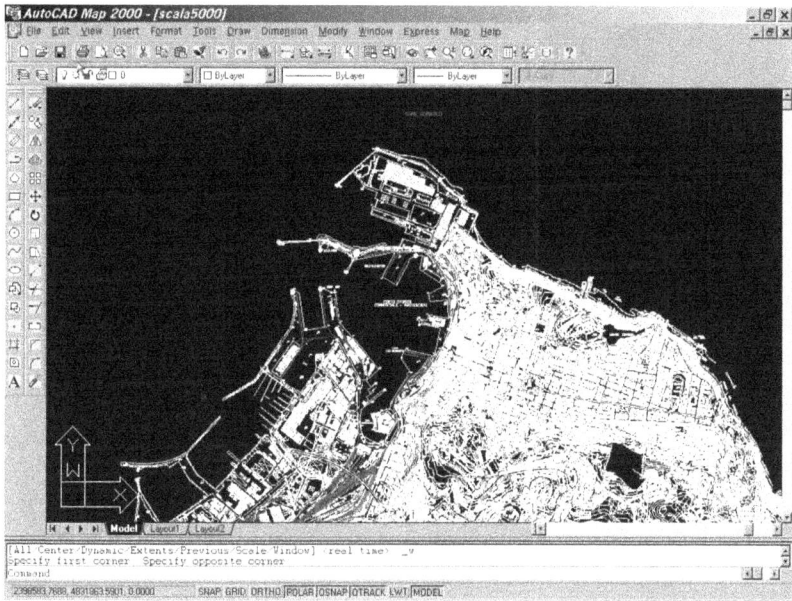

Figura 52 - modellizzazione 3D dell'area oggetto di studio

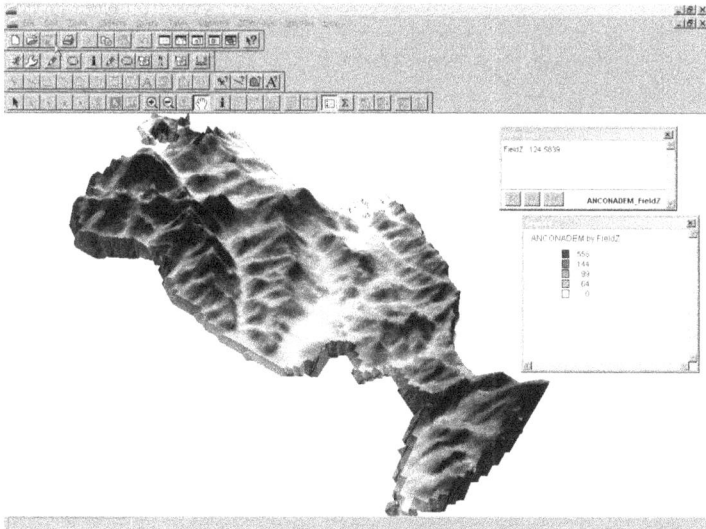

Esempio delle elaborazioni di una prova sull'elettrofiltro con polvere inorganica.

METROSONICS d	l-814 SN 1083 V1.8

tempo 1	CHANNEL 1	CHANNEL 2	CALC.
11:23:29	2,9037	0,81	2,901717
11:24:29	2,9413	0,85	2,976345
11:25:29	2,8925	0,85	2,976345
11:26:29	2,9153	0,86	2,995002
11:27:29	2,9817	0,86	2,995002
11:28:29	3,013	0,86	2,995002
11:29:29	3,0301	0,9	3,06963
11:30:29	3,1321	0,87	3,013659
11:31:29	2,9213	0,84	2,957688
11:32:29	2,9633	0,82	2,920374
11:33:29	3,1117	0,86	2,995002
11:34:29	2,9293	0,83	2,939031

tempo 2	CHANNEL 1	CHANNEL 2	CALC.
11:36:15	1,9361	0,83	2,939031
11:37:15	1,9441	0,84	2,957688
11:38:15	1,9697	0,85	2,976345
11:39:15	1,9173	0,84	2,957688
11:40:15	1,9221	0,83	2,939031
11:41:15	1,9597	0,85	2,976345
11:42:15	2,0237	0,84	2,957688
11:43:15	1,9601	0,81	2,901717
11:44:15	1,9873	0,86	2,995002
11:45:15	2,0225	0,86	2,995002
11:46:15	1,9397	0,84	2,957688
11:47:15	1,937	0,81	2,901717

tempo	CHANNEL 1	CHANNEL 2	CALC.
3			
12:00:06	1,4277	0,53	1,431162
12:01:06	1,403	0,52	1,401108
12:02:06	1,3793	0,51	1,371054
12:03:06	1,3817	0,52	1,401108
12:04:06	1,381	0,53	1,431162
12:05:06	1,375	0,52	1,401108
12:06:06	1,4325	0,54	1,461216
12:07:06	1,483	0,53	1,431162
12:08:06	1,4373	0,53	1,431162
12:09:06	1,417	0,52	1,401108
12:10:06	1,4813	0,54	1,461216
12:11:06	1,4581	0,53	1,431162
12:12:06	1,4585	0,54	1,461216

tempo	CHANNEL 1	CHANNEL 2	CALC.
4			
12:13:02	1,2165	0,55	1,49127
12:14:02	1,135	0,53	1,431162
12:15:02	1,2173	0,54	1,461216
12:16:02	1,1925	0,54	1,461216
12:17:02	1,1857	0,54	1,461216
12:18:02	1,2165	0,54	1,461216
12:19:02	1,2057	0,55	1,49127
12:20:02	1,2045	0,51	1,371054
12:21:02	1,2273	0,56	1,521324
12:22:02	1,2441	0,55	1,49127
12:23:02	1,223	0,54	1,461216

tempo	CHANNEL 1	CHANNEL 2	CALC.
5			
12:24:36	1,153	0,47	1,140004
12:25:36	1,1325	0,47	1,140004
12:26:36	1,1421	0,47	1,140004
12:27:36	1,1497	0,47	1,140004
12:28:36	1,1297	0,45	1,10674
12:29:36	1,1093	0,45	1,10674
12:30:36	1,1221	0,46	1,123372
12:31:36	1,0985	0,45	1,10674
12:32:36	1,1165	0,46	1,123372
12:33:36	1,097	0,46	1,123372

tempo	CHANNEL 1	CHANNEL 2	CALC.
6			
12:34:18	0,9733	0,47	1,140004
12:35:18	0,9481	0,44	1,090108
12:36:18	0,9413	0,43	1,073476
12:37:18	0,9273	0,43	1,073476
12:38:18	0,9345	0,44	1,090108
12:39:18	0,9497	0,44	1,090108
12:40:18	0,9877	0,46	1,123372
12:41:18	0,9357	0,44	1,090108
12:42:18	0,9661	0,46	1,123372
12:43:18	0,9701	0,45	1,10674
12:44:18	0,9901	0,46	1,123372

tempo 7	CHANNEL 1	CHANNEL 2	CALC.
12:52:16	1,665	0,67	1,699413
12:53:16	1,569	0,66	1,650974
12:54:16	1,563	0,66	1,650974
12:55:16	1,6137	0,65	1,602535
12:56:16	1,6101	0,65	1,602535
12:57:16	1,5861	0,65	1,602535
12:58:16	1,6425	0,67	1,699413
12:59:16	1,6765	0,68	1,747852
13:00:16	1,6637	0,66	1,650974
13:01:16	1,5213	0,63	1,505657
13:02:16	1,8557	0,7	1,84473
13:03:16	1,8933	0,7	1,84473
13:04:16	1,8193	0,68	1,747852
13:05:16	1,8457	0,66	1,650974
13:06:16	1,8201	0,7	1,84473

tempo 8	CHANNEL 1	CHANNEL 2	CALC.
13:06:48	1,3925	0,7	1,84473
13:07:48	1,4765	0,71	1,893169
13:08:48	1,4933	0,71	1,893169
13:09:48	1,4733	0,71	1,893169
13:10:48	1,3237	0,66	1,650974
13:11:48	1,3257	0,67	1,699413
13:12:48	1,3793	0,71	1,893169
13:13:48	1,3801	0,7	1,84473
13:14:48	1,429	0,7	1,84473
13:15:48	1,4053	0,68	1,747852
13:16:48	1,3913	0,7	1,84473
13:17:48	1,427	0,7	1,84473

tempo	CHANNEL 1	CHANNEL 2	CALC.
9			
13:19:45	1,0193	0,48	0,973492
13:20:45	0,8945	0,46	0,910134
13:21:45	0,9705	0,48	0,973492
13:22:45	0,957	0,48	0,973492
13:23:45	1,0137	0,5	1,03685
13:24:45	1,0493	0,5	1,03685
13:25:45	0,9197	0,46	0,910134
13:26:45	0,9297	0,47	0,941813
13:27:45	0,9421	0,47	0,941813
13:28:45	0,9445	0,47	0,941813

tempo	CHANNEL 1	CHANNEL 2	CALC.
10			
13:29:55	0,8417	0,5	1,03685
13:30:55	0,9045	0,5	1,03685
13:31:55	0,9013	0,5	1,03685
13:32:55	0,867	0,5	1,03685
13:33:55	0,8305	0,48	0,973492
13:34:55	0,7941	0,48	0,973492
13:35:55	0,7905	0,47	0,941813
13:36:55	0,7825	0,47	0,941813
13:37:55	0,793	0,47	0,941813
13:38:55	0,8113	0,48	0,973492

tempo	CHANNEL 1	CHANNEL 2	CALC.
11			
13:40:41	0,6593	0,4	0,66328
13:41:41	0,6665	0,41	0,691792
13:42:41	0,703	0,41	0,691792
13:43:41	0,6937	0,41	0,691792
13:44:41	0,7177	0,42	0,720304
13:45:41	0,719	0,41	0,691792
13:46:41	0,6913	0,4	0,66328
13:47:41	0,6565	0,4	0,66328
13:48:41	0,6433	0,4	0,66328
13:49:41	0,6817	0,41	0,691792

tempo	CHANNEL 1	CHANNEL 2	CALC.
12			
13:50:50	0,6265	0,41	0,691792
13:51:50	0,6281	0,41	0,691792
13:52:50	0,6177	0,4	0,66328
13:53:50	0,6341	0,41	0,691792
13:54:50	0,593	0,4	0,66328
13:55:50	0,6197	0,4	0,66328
13:56:50	0,6045	0,4	0,66328
13:57:50	0,5793	0,4	0,66328
13:58:50	0,6181	0,4	0,66328
13:59:50	0,6165	0,41	0,691792
14:00:50	0,5933	0,4	0,66328
14:01:50	0,6113	0,41	0,691792
14:02:50	0,6305	0,41	0,691792

tempo	CHANNEL 1	CHANNEL 2	CALC.
13			
14:15:26	0,511	0,38	0,53976
14:16:26	0,5273	0,38	0,53976
14:17:26	0,4801	0,36	0,45422
14:18:26	0,5253	0,37	0,49699
14:19:26	0,5641	0,4	0,6253
14:20:26	0,5953	0,4	0,6253
14:21:26	0,6181	0,4	0,6253
14:22:26	0,6493	0,4	0,6253
14:23:26	0,6817	0,41	0,66807
14:24:26	0,6985	0,41	0,66807
14:25:26	0,7017	0,42	0,71084
14:26:26	0,7105	0,42	0,71084
14:27:26	0,7637	0,43	0,75361
14:28:26	0,7705	0,43	0,75361

tempo	CHANNEL 1	CHANNEL 2	CALC.
14			
14:29:20	0,6161	0,44	0,79638
14:30:20	0,6181	0,44	0,79638
14:31:20	0,6361	0,44	0,79638
14:32:20	0,6613	0,45	0,83915
14:33:20	0,6633	0,45	0,83915
14:34:20	0,697	0,46	0,88192
14:35:20	0,7057	0,45	0,83915
14:36:20	0,6881	0,45	0,83915
14:37:20	0,7257	0,46	0,88192

tempo	CHANNEL 1	CHANNEL 2	CALC.
15			
14:38:47	0,565	0,36	0,575444
14:39:47	0,6021	0,37	0,605148
14:40:47	0,595	0,37	0,605148
14:41:47	0,6337	0,38	0,634852
14:42:47	0,6233	0,38	0,634852
14:43:47	0,6437	0,38	0,634852
14:44:47	0,659	0,38	0,634852
14:45:47	0,6625	0,38	0,634852
14:46:47	0,6233	0,37	0,605148
14:47:47	0,6705	0,4	0,69426
14:48:47	0,7101	0,4	0,69426
14:49:47	0,6965	0,4	0,69426

tempo	CHANNEL 1	CHANNEL 2	CALC.
16			
14:50:42	0,6345	0,4	0,69426
14:51:42	0,6457	0,4	0,69426
14:52:42	0,6777	0,41	0,723964
14:53:42	0,6733	0,42	0,753668
14:54:42	0,6897	0,41	0,723964
14:55:42	0,701	0,42	0,753668
14:56:42	0,721	0,42	0,753668
14:57:42	0,7557	0,44	0,813076
14:58:42	0,759	0,44	0,813076
14:59:42	0,713	0,43	0,783372

tempo	CHANNEL 1	CHANNEL 2	CALC.
17			
15:01:45	0,5845	0,36	0,601044
15:02:45	0,645	0,37	0,637898
15:03:45	0,663	0,38	0,674752
15:04:45	0,687	0,38	0,674752
15:05:45	0,7017	0,38	0,674752
15:06:45	0,721	0,4	0,74846
15:07:45	0,7033	0,4	0,74846
15:08:45	0,7665	0,4	0,74846
15:09:45	0,8001	0,41	0,785314
15:10:45	0,7897	0,41	0,785314
15:11:45	0,8173	0,42	0,822168
15:12:45	0,8493	0,42	0,822168
15:13:45	0,8381	0,42	0,822168
15:14:45	0,8745	0,44	0,895876

tempo	CHANNEL 1	CHANNEL 2	CALC.
18			
15:15:25	0,797	0,43	0,859022
15:16:25	0,7917	0,43	0,859022
15:17:25	0,8141	0,44	0,895876
15:18:25	0,8193	0,44	0,895876
15:19:25	0,8377	0,45	0,93273
15:20:25	0,8305	0,44	0,895876
15:21:25	0,8617	0,45	0,93273
15:22:25	0,8721	0,46	0,969584
15:23:25	0,8685	0,45	0,93273
15:24:25	0,8817	0,46	0,969584

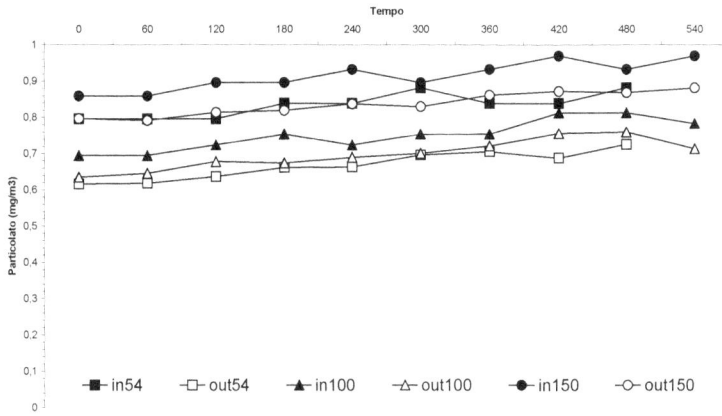

Figura A-53 – Elettrofiltro ON – Sodio cloruro (1%)

54 – 100 – 150 Pa

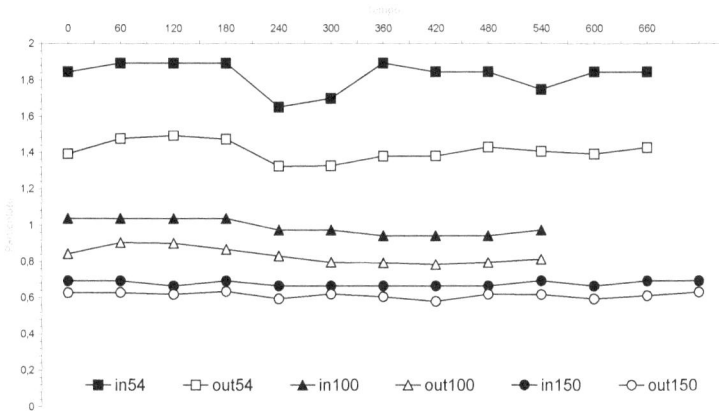

Figura A-54 – Elettrofiltro ON – Sodio carbonato (1%)

54 – 100 – 150 Pa

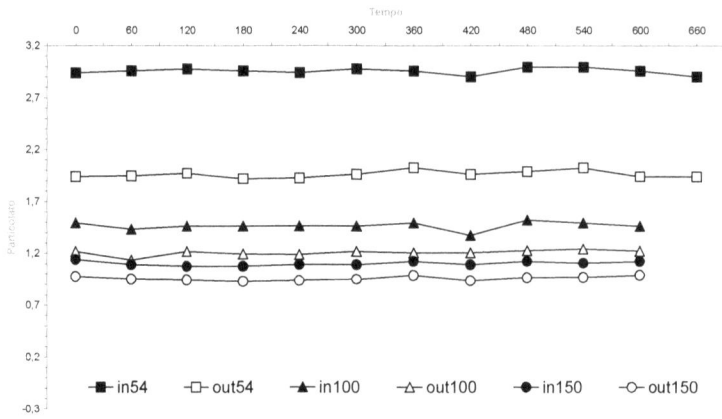

Figura A-55 – Elettrofiltro ON – Ammonio solfato(1%)

54 – 100 – 150 Pa

Analysis Summary

Simple Regression - **NO3 vs. vcalc**

Regression Analysis - Exponential model: Y = exp(a + b*X)

Dependent variable: NO3

Independent variable: vcalc

```
-------------------------------------------------------------------------
                        Standard          T
Parameter      Estimate      Error     Statistic      P-Value
-------------------------------------------------------------------------
Intercept      5.38495      0.372485     14.4568       0.0007
Slope         -0.867869     0.150988     -5.74793      0.0105
-------------------------------------------------------------------------
```

Analysis of Variance

```
-------------------------------------------------------------------------
Source         Sum of Squares   Df  Mean Square   F-Ratio    P-Value
-------------------------------------------------------------------------
Model              2.29876       1    2.29876      33.04      0.0105
Residual           0.208733      3    0.0695776
-------------------------------------------------------------------------
Total (Corr.)      2.50749       4
```

Correlation Coefficient = -0.957474

R-squared = 91.6756 percent

Standard Error of Est. = 0.263776

The output shows the results of fitting a exponential model to describe the relationship between NO3 and vcalc. The equation of the fitted model is

NO3 = exp(5.38495 - 0.867869*vcalc)

Since the P-value in the ANOVA table is less than 0.05, there is a statistically significant relationship between NO3 and vcalc at the 95% confidence level.

The R-Squared statistic indicates that the model as fitted explains 91.6756% of the variability in NO3 after transforming to a logarithmic scale to linearize the model. The correlation coefficient equals -0.957474, indicating a relatively strong relationship between the variables. The standard error of the estimate shows the standard deviation of the residuals to be 0.263776.

Plot of Fitted Model

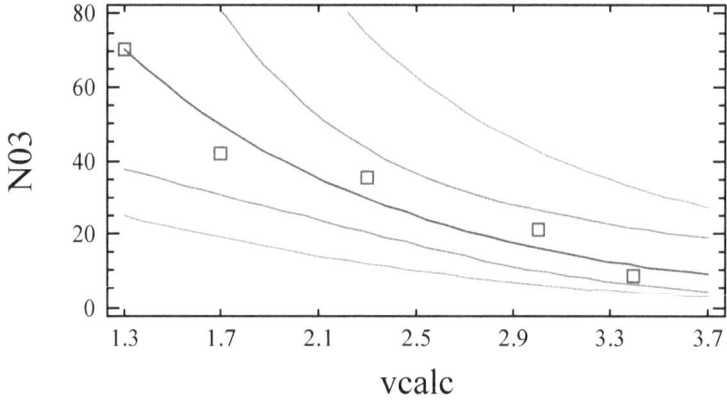

Simple Regression - **N05 vs. vcalc**

Regression Analysis - Exponential model: Y = exp(a + b*X)

Dependent variable: N05

Independent variable: vcalc

Parameter	Estimate	Standard Error	T Statistic	P-Value
Intercept	5.37971	0.186203	28.8917	0.0001
Slope	-0.703449	0.0754779	-9.31993	0.0026

Analysis of Variance

Source	Sum of Squares	Df	Mean Square	F-Ratio	P-Value

Model	1.51025	1	1.51025	86.86	0.0026

Residual	0.052161	3	0.017387

Total (Corr.)	1.56242	4

Correlation Coefficient = -0.983166

R-squared = 96.6615 percent

Standard Error of Est. = 0.13186

The output shows the results of fitting a exponential model to describe the relationship between N05 and vcalc. The equation of the fitted model is

N05 = exp(5.37971 - 0.703449*vcalc)

Since the P-value in the ANOVA table is less than 0.01, there is a

statistically significant relationship between N05 and vcalc at the

99% confidence level.

The R-Squared statistic indicates that the model as fitted explains 96.6615% of the
variability in N05 after transforming to a logarithmic scale to linearize the model.
The correlation coefficient equals -0.983166, indicating a relatively strong relationship between the variables. The standard error of the estimate shows the standard deviation of the residuals to be 0.13186.

Plot of Fitted Model

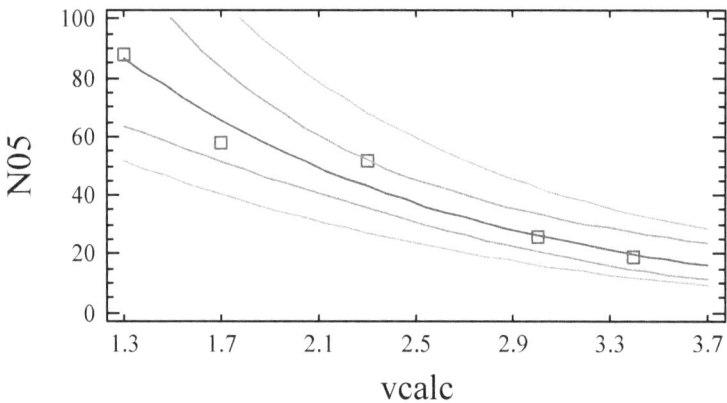

Simple Regression - **N10 vs. vcalc**

Regression Analysis - Exponential model: Y = exp(a + b*X)

Dependent variable: N10

Independent variable: vcalc

| | | Standard | T | |
| Parameter | Estimate | Error | Statistic | P-Value |

| Intercept | 5.28985 | 0.175148 | 30.2022 | 0.0001 |
| Slope | -0.566505 | 0.0709967 | -7.97931 | 0.0041 |

Analysis of Variance

| Source | Sum of Squares | Df | Mean Square | F-Ratio | P-Value |

| Model | 0.979471 | 1 | 0.979471 | 63.67 | 0.0041 |
| Residual | 0.0461511 | 3 | 0.0153837 | | |

| Total (Corr.) | 1.02562 | 4 |

Correlation Coefficient = -0.977242

R-squared = 95.5002 percent

Standard Error of Est. = 0.124031

The output shows the results of fitting a exponential model to describe the relationship between N10 and vcalc. The equation of the fitted model is

N10 = exp(5.28985 - 0.566505*vcalc)

Since the P-value in the ANOVA table is less than 0.01, there is a statistically significant relationship between N10 and vcalc at the

99% confidence level.

The R-Squared statistic indicates that the model as fitted explains 95.5002% of the variability in N10 after transforming to a logarithmic scale to linearize the model. The correlation coefficient equals -0.977242, indicating a relatively strong relationship between the variables. The standard error of the estimate shows the standard deviation of the residuals to be 0.124031.

Plot of Fitted Model

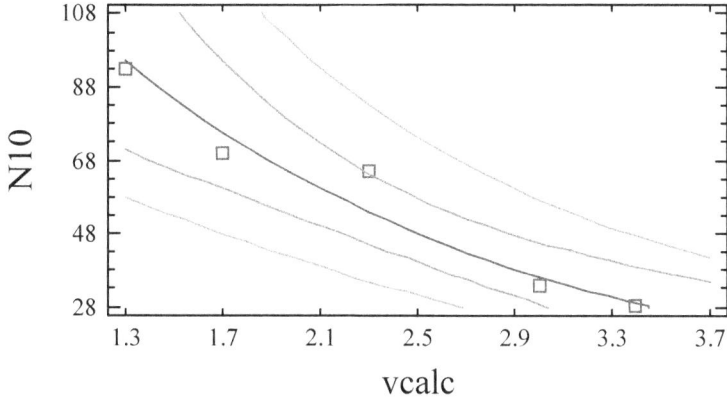

Simple Regression - **N50 vs. vcalc**

Regression Analysis - Exponential model: Y = exp(a + b*X)

Dependent variable: N50

Independent variable: vcalc

Parameter	Estimate	Standard Error	T Statistic	P-Value
Intercept	5.05849	0.109044	46.3896	0.0000
Slope	-0.375167	0.0442012	-8.48771	0.0034

```
                          Analysis of Variance

--------------------------------------------------------------------------------

Source            Sum of Squares   Df  Mean Square    F-Ratio     P-Value

--------------------------------------------------------------------------------

Model                 0.42957      1     0.42957       72.04       0.0034

Residual              0.0178885    3   0.00596283

--------------------------------------------------------------------------------

Total (Corr.)         0.447458     4
```

Correlation Coefficient = -0.979807

R-squared = 96.0022 percent

Standard Error of Est. = 0.0772194

The output shows the results of fitting a exponential model to

describe the relationship between N50 and vcalc. The equation of the fitted model is

$$N50 = exp(5.05849 - 0.375167 * vcalc)$$

Since the P-value in the ANOVA table is less than 0.01, there is a

statistically significant relationship between N50 and vcalc at the

99% confidence level.

The R-Squared statistic indicates that the model as fitted explains 96.0022% of the
variability in N50 after transforming to a logarithmic scale to linearize the model.
The correlation coefficient equals -0.979807, indicating a relatively strong relationship between the variables. The standard error of the estimate shows the standard deviation of the residuals to be 0.0772194.

Plot of Fitted Model

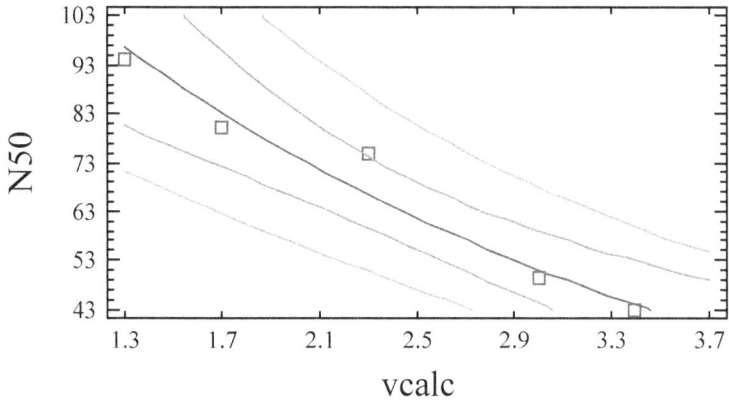

Simple Regression - **N100 vs. vcalc**

Regression Analysis - Exponential model: Y = exp(a + b*X)

Dependent variable: N100

Independent variable: vcalc

| | | Standard | T | |
Parameter	Estimate	Error	Statistic	P-Value
Intercept	5.04481	0.0766691	65.7998	0.0002
Slope	-0.356869	0.0352992	-10.1098	0.0096

Analysis of Variance

```
---------------------------------------------------------------------------

Source          Sum of Squares   Df  Mean Square   F-Ratio    P-Value

---------------------------------------------------------------------------

Model              0.209818      1    0.209818     102.21      0.0096

Residual           0.00410567    2    0.00205284

---------------------------------------------------------------------------

Total (Corr.)      0.213924      3
```

Correlation Coefficient = -0.990357

R-squared = 98.0808 percent

Standard Error of Est. = 0.0453082

The output shows the results of fitting a exponential model to describe the relationship between N100 and vcalc. The equation of the fitted model is

   N100 = exp(5.04481 - 0.356869*vcalc)

Since the P-value in the ANOVA table is less than 0.01, there is a statistically significant relationship between N100 and vcalc at the 99% confidence level.

The R-Squared statistic indicates that the model as fitted explains 98.0808% of the variability in N100 after transforming to a logarithmic scale to linearize the model. The correlation coefficient equals -0.990357, indicating a relatively strong relationship between the variables. The standard error of the estimate shows the standard deviation of the residuals to be 0.0453082.

Plot of Fitted Model

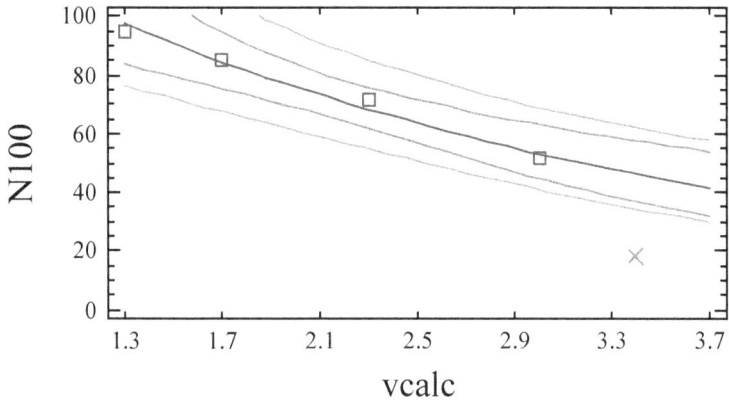

Nonlinear Regression - **N03/100**

Dependent variable: N03/100

Independent variables: vcalc

Function to be estimated: 1-exp(-vdrift/vcalc)

Initial parameter estimates:

    vdrift = 1.0

Estimation method: Gauss-Newton

Estimation stopped due to convergence of residual sum of squares.

Number of iterations: 2

Number of function calls: 6

Estimation Results

| | | | Asymptotic 95.0% | |
| | | Asymptotic | Confidence Interval | |
Parameter	Estimate	Standard Error	Lower	Upper
vdrift	0.994175	0.192308	0.460242	1.52811

Analysis of Variance

Source	Sum of Squares	Df	Mean Square
Model	0.786372	1	0.786372
Residual	0.0619275	4	0.0154819
Total	0.848299	5	
Total (Corr.)	0.218174	4	

R-Squared = 71.6156 percent

R-Squared (adjusted for d.f.) = 71.6156 percent

Standard Error of Est. = 0.124426

Mean absolute error = 0.0863789

Durbin-Watson statistic = 0.847993

Residual Analysis

       Estimation   Validation

n   5

MSE   0.0154819

MAE   0.0863789

MAPE   50.9599

ME   -0.01778

MPE   -41.1001

The output shows the results of fitting a nonlinear regression model to describe the
relationship between N03/100 and 1 independent variables. The equation of the fitted
model is

                        1-exp(-0.994175/vcalc)

In performing the fit, the estimation process terminated successfully after 2 iterations, at which point the estimated coefficients appeared to converge to the current
estimates.

The R-Squared statistic indicates that the model as fitted explains 71.6156% of the
variability in N03/100. The adjusted R-Squared statistic, which is more suitable for
comparing models with different numbers of independent variables, is 71.6156%. The
standard error of the estimate shows the standard deviation of the residuals to be
0.124426. The mean absolute error (MAE) of 0.0863789 is the average value of the residuals. The Durbin-Watson (DW) statistic tests the residuals to determine if there is
any significant correlation based on the order in which they occur in your data file.
Because the DW value is less than 1.4, there may be some indication of serial correlation. Plot the residuals versus row order to see if there is any pattern which can be
seen. The output also shows aymptotic 95.0% confidence intervals for each of the unknown parameters. These intervals are approximate and most accurate for large sample
sizes. You can determine whether or not an estimate is statistically significant by
examining each interval to see whether it contains the value 0.0. Intervals covering
0.0 correspond to coefficients which may well be removed form the model without hurting
the fit substantially.

Plot of Fitted Model

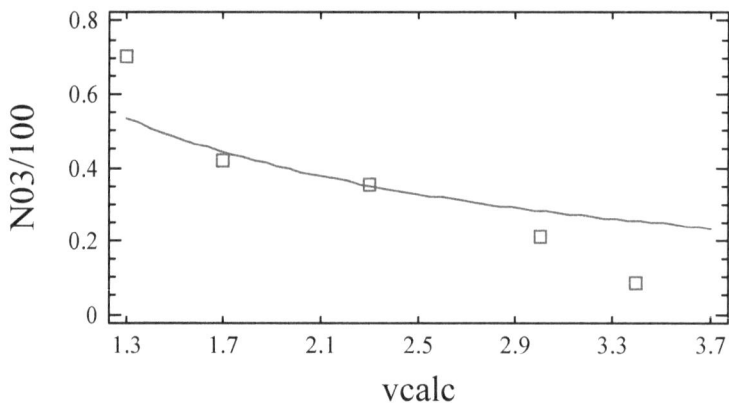

Nonlinear Regression - **N05/100**

Dependent variable: N05/100

Independent variables:

vcalc

Function to be estimated: 1-exp(-vdrift/vcalc)

Initial parameter estimates:

vdrift = 1.0

Estimation method: Gauss-Newton

Estimation stopped due to convergence of residual sum of squares.

Number of iterations: 3

Number of function calls: 8

Estimation Results

```
---------------------------------------------------------------------------
                                                        Asymptotic 95.0%

                                        Asymptotic      Confidence Interval

Parameter              Estimate  Standard Error      Lower        Upper

---------------------------------------------------------------------------

vdrift                   1.4796       0.294141     0.662937      2.29627

---------------------------------------------------------------------------
```

Analysis of Variance

```
----------------------------------------------------

Source          Sum of Squares   Df  Mean Square

----------------------------------------------------

Model                  1.39115    1      1.39115

Residual             0.0863417    4    0.0215854

----------------------------------------------------

Total                   1.4775    5

Total (Corr.)         0.305247    4
```

R-Squared = 71.7141 percent

R-Squared (adjusted for d.f.) = 71.7141 percent

Standard Error of Est. = 0.14692

Mean absolute error = 0.108468

Durbin-Watson statistic = 0.874825

Residual Analysis

	Estimation	Validation
n	5	
MSE	0.0215854	
MAE	0.108468	
MAPE	33.7687	
ME	-0.0112838	
MPE	-21.403	

The output shows the results of fitting a nonlinear regression model to describe the relationship between N05/100 and 1 independent variables. The equation of the fitted model is

1-exp(-1.4796/vcalc)

In performing the fit, the estimation process terminated successfully after 3 iterations, at which point the estimated coefficients appeared to converge to the current estimates.

The R-Squared statistic indicates that the model as fitted explains 71.7141% of the variability in N05/100. The adjusted R-Squared statistic, which is more suitable for comparing models with different numbers of independent variables, is 71.7141%. The standard error of the estimate shows the standard deviation of the residuals to be 0.14692. This value can be used to construct prediction limits for new observations by selecting the Forecasts option from the text menu.

The mean absolute error (MAE) of 0.108468 is the average value of the residuals. The Durbin-Watson (DW) statistic tests the residuals to determine if there is any significant correlation based on the order in which they occur in your data file. Because the DW value is less than 1.4, there may be some indication of serial correlation. Plot the residuals versus row order to see if there is any pattern which can be seen. The output also shows aymptotic 95.0% confidence intervals for each of the unknown parameters. These intervals are approximate and most accurate for large sample sizes. You can determine whether or not an estimate is statistically significant by examining each interval to see whether it contains the value 0.0. Intervals covering 0.0 correspond to coefficients which may well be removed form the model without hurting the fit substantially.

Plot of Fitted Model

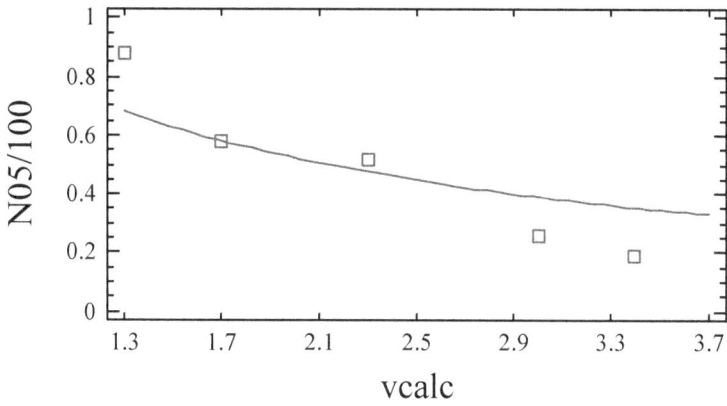

Nonlinear Regression - **N10/100**

Dependent variable: N10/100

Independent variables: vcalc

Function to be estimated: 1-exp(-vdrift/vcalc)

Initial parameter estimates:

vdrift = 1.0

Estimation method: Gauss-Newton

Estimation stopped due to convergence of residual sum of squares.

Number of iterations: 4

Number of function calls: 10

Estimation Results

```
---------------------------------------------------------------------------

                                                       Asymptotic 95.0%

                                    Asymptotic      Confidence Interval

    Parameter          Estimate  Standard Error     Lower        Upper

---------------------------------------------------------------------------

    vdrift              1.91716       0.33437      0.988798      2.84552

---------------------------------------------------------------------------
```

Analysis of Variance

```
--------------------------------------------------------

    Source          Sum of Squares    Df  Mean Square

--------------------------------------------------------

    Model              1.89842        1     1.89842

    Residual           0.0721195      4     0.0180299

--------------------------------------------------------

    Total              1.97054        5

    Total (Corr.)      0.287383       4
```

R-Squared = 74.9047 percent

R-Squared (adjusted for d.f.) = 74.9047 percent

Standard Error of Est. = 0.134275

Mean absolute error = 0.109463

Durbin-Watson statistic = 0.952892

Residual Analysis

        Estimation   Validation

n   5

MSE   0.0180299

MAE   0.109463

MAPE   24.9712

ME   -0.00301972

MPE   -11.6154

The output shows the results of fitting a nonlinear regression model to describe the relationship between N10/100 and 1 independent variables. The equation of the fitted model is

1-exp(-1.91716/vcalc)

In performing the fit, the estimation process terminated successfully after 4 iterations, at which point the estimated coefficients appeared to converge to the current estimates.

The R-Squared statistic indicates that the model as fitted explains 74.9047% of the variability in N10/100. The adjusted R-Squared statistic, which is more suitable for comparing models with different numbers of independent variables, is 74.9047%. The standard error of the estimate shows the standard deviation of the residuals to be 0.134275. This value can be used to construct prediction limits for new observations by selecting the Forecasts option from the text menu.

The mean absolute error (MAE) of 0.109463 is the average value of the residuals. The Durbin-Watson (DW) statistic tests the residuals to determine if there is any significant correlation based on the order in which they occur in your data file. Because the DW value is less than 1.4, there may be some indication of serial correlation. Plot the residuals versus row order to see if there is any pattern which can be seen.

The output also shows aymptotic 95.0% confidence intervals for each of the unknown parameters. These intervals are approximate and most accurate for large sample sizes. You can determine whether or not an estimate is statistically significant by examining each interval to see whether it contains the value 0.0. Intervals covering 0.0 correspond to coefficients which may well be removed form the model without hurting the fit substantially.

Plot of Fitted Model

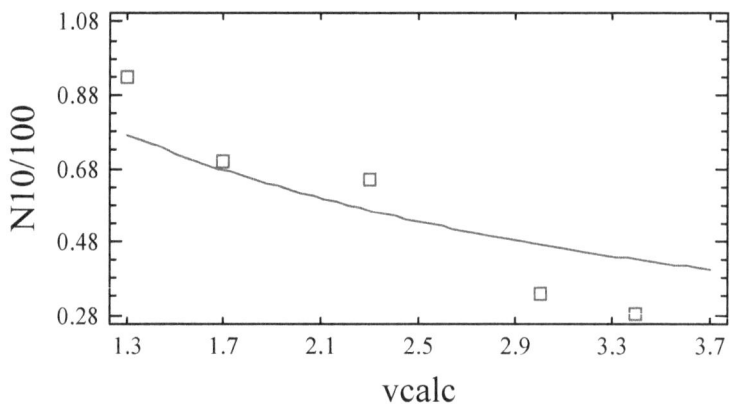

Nonlinear Regression - **N50/100**

Dependent variable: N50/100

Independent variables: vcalc

Function to be estimated: 1-exp(-vdrift/vcalc)

Initial parameter estimates:

vdrift = 1.0

Estimation method: Gauss-Newton

Estimation stopped due to convergence of residual sum of squares.

Number of iterations: 4

Number of function calls: 10

Estimation Results

```
--------------------------------------------------------------------------

                                                       Asymptotic 95.0%

                                       Asymptotic      Confidence Interval

Parameter              Estimate    Standard Error     Lower        Upper

--------------------------------------------------------------------------

vdrift                 2.53334        0.284388        1.74375      3.32293

--------------------------------------------------------------------------
```

Analysis of Variance

```
----------------------------------------------------

Source              Sum of Squares    Df   Mean Square

----------------------------------------------------

Model                   2.48675       1      2.48675

Residual              0.0291089       4    0.00727721

----------------------------------------------------

Total                   2.51586       5

Total (Corr.)          0.184783       4
```

R-Squared = 84.247 percent

R-Squared (adjusted for d.f.) = 84.247 percent

Standard Error of Est. = 0.0853066

Mean absolute error = 0.072738

Durbin-Watson statistic = 1.05822

Residual Analysis

        Estimation   Validation

n   5

MSE   0.00727721

MAE   0.072738

MAPE   12.1745

ME   0.00373114

MPE   -2.9558

The output shows the results of fitting a nonlinear regression model to describe the relationship between N50/100 and 1 independent variables. The equation of the fitted model is

1-exp(-2.53334/vcalc)

In performing the fit, the estimation process terminated successfully after 4 iterations, at which point the estimated coefficients appeared to converge to the current estimates.

The R-Squared statistic indicates that the model as fitted explains 84.247% of the variability in N50/100. The adjusted R-Squared statistic, which is more suitable for comparing models with different numbers of independent variables, is 84.247%. The standard error of the estimate shows the standard deviation of the residuals to be 0.0853066. This value can be used to construct prediction limits for new observations by selecting the Forecasts option from the text menu.

The mean absolute error (MAE) of 0.072738 is the average value of the residuals. The Durbin-Watson (DW) statistic tests the residuals to determine if there is any significant correlation based on the order in which they occur in your data file. Because the DW value is less than 1.4, there may be some indication of serial correlation. Plot the residuals versus row order to see if there is any pattern which can be seen.

The output also shows aymptotic 95.0% confidence intervals for each of the unknown parameters. These intervals are approximate and most accurate for large sample sizes. You can determine whether or not an estimate is statistically significant by examining each interval to see whether it contains the value 0.0. Intervals covering 0.0 correspond to coefficients which may well be removed form the model without hurting the fit substantially.

Plot of Fitted Model

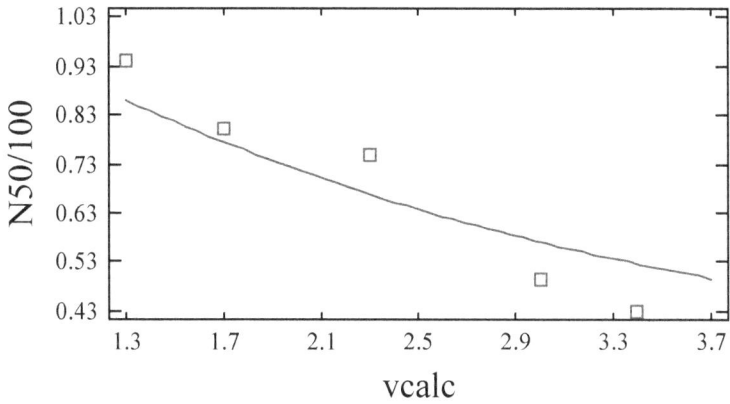

Nonlinear Regression - **N100/100**

Dependent variable: N100/100

Independent variables: vcalc

Function to be estimated: 1-exp(-vdrift/vcalc)

Initial parameter estimates:

vdrift = 1.0

Estimation method: Gauss-Newton

Estimation stopped due to convergence of residual sum of squares.

Number of iterations: 4

Number of function calls: 10

Estimation Results

```
--------------------------------------------------------------------------
                                                      Asymptotic 95.0%

                                   Asymptotic      Confidence Interval

Parameter          Estimate   Standard Error      Lower        Upper

--------------------------------------------------------------------------

vdrift              2.27405        0.537106        0.7828       3.7653

--------------------------------------------------------------------------
```

Analysis of Variance

```
------------------------------------------------------
Source          Sum of Squares    Df   Mean Square
------------------------------------------------------
Model                  2.31183     1       2.31183
Residual              0.132375     4     0.0330937
------------------------------------------------------
Total                   2.4442     5
Total (Corr.)         0.375671     4
```

R-Squared = 64.7631 percent

R-Squared (adjusted for d.f.) = 64.7631 percent

Standard Error of Est. = 0.181917

Mean absolute error = 0.130702

Durbin-Watson statistic = 0.738342

Residual Analysis

           Estimation   Validation

n   5

MSE   0.0330937

MAE   0.130702

MAPE   42.9081

ME   0.00106169

MPE   -27.2685

The output shows the results of fitting a nonlinear regression model to describe the relationship between N100/100 and 1 independent variables. The equation of the fitted model is

1-exp(-2.27405/vcalc)

In performing the fit, the estimation process terminated successfully after 4 iterations, at which point the estimated coefficients appeared to converge to the current estimates.

The R-Squared statistic indicates that the model as fitted explains 64.7631% of the variability in N100/100. The adjusted R-Squared statistic, which is more suitable for comparing models with different numbers of independent variables, is 64.7631%. The standard error of the estimate shows the standard deviation of the residuals to be 0.181917. This value can be used to construct prediction limits for new observations by selecting the Forecasts option from the text menu.

The mean absolute error (MAE) of 0.130702 is the average value of the residuals. The Durbin-Watson (DW) statistic tests the residuals to determine if there is any significant correlation based on the order in which they occur in your data file. Because the DW value is less than 1.4, there may be some indication of serial correlation. Plot the residuals versus row order to see if there is any pattern which can be seen.

The output also shows aymptotic 95.0% confidence intervals for each of the unknown parameters. These intervals are approximate and most accurate for large sample sizes. You can determine whether or not an estimate is statistically significant by examining each interval to see whether it contains the value 0.0. Intervals covering 0.0 correspond to coefficients which may well be removed form the model without hurting the fit substantially.

Plot of Fitted Model

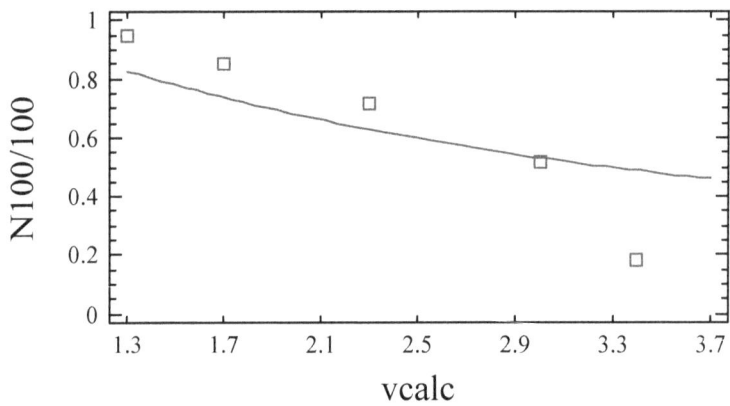

Bibliografia

AMES R. B. AND MALM W. C., 2001. CHEMICAL SPECIES'
CONTRIBUTIONS TO THE UPPER EXTREMES OF AEROSOL FINE
MASS. ATMOSPHERIC ENVIRONMENT 35 (30): 5193-5204.

ARDUSSO L. R., CRISCI C. D., CODINA R., LOCKEY R. F., GALIMANY J.,
MARCIPAR A., MASSARA A., STRASS M., ARDUSSO D. D.,
BERTOYA N. I., MEDINA I., TROJAVCHICH M. C., VINUESA M.
A., MONJE S., 2001. ASSOCIATION BETWEEN SOYBEAN DUST
EXPOSURE, ALLERGIC SENSITIVITY AND PROFILE OF
RESPIRATORY SYMPTOMS. MEDICINA 61(1): 1-7.

ARENDS B. G., NELL J.AND RUTTEN S. M., 2000. FIELD COMPARISON
OF FOUR PM_{10} SAMPLERS IN A POLLUTED AREA IN THE
NETHERLANDS. JOURNAL OF AEROSOL SCIENCE 31(1): 512-
513.

CAFE WORKING GROUP ON PARTICULATE MATTER, 2003. SECOND
POSITION PAPER ON PARTICULATE MATTER. WORKSHOP ON
PM IN STOCKHOLM, 20-21 OCTOBER 2003.

CHOW J. C., WATSON J. G., LOWENTHAL D. H. AND COUNTESS R. J.,
1996. SOURCES AND CHEMISTRY OF PM_{10} AEROSOL IN SANTA
BARBARA COUNTY, CA. ATMOSPHERIC ENVIRONMENT 30 (9):
1489-1499.

CINCINELLI A., STORTINI A. M., PERUGINI M., CHECCHINI L. AND
LEPRI L., 2001. ORGANIC POLLUTANTS IN SEA-SURFACE
MICROLAYER AND AEROSOL IN THE COASTAL ENVIRONMENT OF

LEGHORN—(TYRRHENIAN SEA). MARINE CHEMISTRY 76 (1-2): 77-98.

GIUGLIANO M., CERNUSCHI S., CEMIN A., 1998. L'APPROCCIO A RECETTORE. SU RINDONE B., BELTRAME P., DE CESARIS A. L. A CURA DI, 1998. DATI DI INQUINAMENTO ATMOSFERICO DELL'AREA METROPOLITANA MILANESE E METODOLOGIE PER LA GESTIONE DELLA QUALITÀ DELL'ARIA. FONDAZIONE LOMBARDIA PER L'AMBIENTE, MILANO. ISBN 88-8134-033-X.

GIUGLIANO M., CERNUSCHI S., CEMIN A., 1998. STIMA DELLE RIDUZIONI DELLE EMISSIONI. SU RINDONE B., BELTRAME P., DE CESARIS A. L. A CURA DI, 1998. DATI DI INQUINAMENTO ATMOSFERICO DELL'AREA METROPOLITANA MILANESE E METODOLOGIE PER LA GESTIONE DELLA QUALITÀ DELL'ARIA. FONDAZIONE LOMBARDIA PER L'AMBIENTE, MILANO. ISBN 88-8134-033-X.

GONZALEZ R., DUFFORT O., CALABOZO B., BARBER D., CARREIRA J., POLO F., 2000. MONOCLONAL ANTIBODY-BASED METHOD TO QUANTIFY GLY M 1. ITS APPLICATION TO ASSESS ENVIRONMENTAL EXPOSURE TO SOYBEAN DUST. ALLERGY 55(1): 59-64.

GRAY H. A. AND CASS G. R., 1998. SOURCE CONTRIBUTIONS TO ATMOSPHERIC FINE CARBON PARTICLE CONCENTRATIONS. ATMOSPHERIC ENVIRONMENT 32 (22): 3805-3825.

GUAZZOTTI S. A., WHITEAKER J. R., SUESS D., COFFEE K. R. AND PRATHER K. A., 2001. REAL-TIME MEASUREMENTS OF THE CHEMICAL COMPOSITION OF SIZE-RESOLVED PARTICLES DURING

A SANTA ANA WIND EPISODE, CALIFORNIA USA. ATMOSPHERIC ENVIRONMENT 35 (19): 3229-3240.

GUPTA A. K., PATIL R. S., GUPTA S. K., 2002. EMISSIONS OF GASEOUS AND PARTICULATE POLLUTANTS IN A PORT AND HARBOUR REGION IN INDIA. ENVIRONMENTAL MONITORING ASSESSMENT 80(2): 187-205.

GUPTA A. K., PATIL R. S., GUPTA S. K., 2004. A STATISTICAL ANALYSIS OF PARTICULATE DATA SETS FOR JAWAHARLAL NEHRU PORT AND SURROUNDING HARBOUR REGION IN INDIA. ENVIRONMENTAL MONITORING ASSESSMENT 95(1-3): 295-309.

HARRISON R. M. , DEACON A. R., JONES M. R. AND APPLEBY R. S., 1997. SOURCES AND PROCESSES AFFECTING CONCENTRATIONS OF PM_{10} AND $PM_{2.5}$ PARTICULATE MATTER IN BIRMINGHAM (U.K.). ATMOSPHERIC ENVIRONMENT 31 (24): 4103-4117.

HARRISON R. M., YIN J., MARK D., STEDMAN J., APPLEBY R. S., BOOKER J. AND MOORCROFT S., 2001. STUDIES OF THE COARSE PARTICLE (2.5–10 M) COMPONENT IN UK URBAN ATMOSPHERES. ATMOSPHERIC ENVIRONMENT 35 (21): 3667-3679.

HELD T., YING Q., KADUWELA A. AND KLEEMAN M., 2004. MODELING PARTICULATE MATTER IN THE SAN JOAQUIN VALLEY WITH A SOURCE-ORIENTED EXTERNALLY MIXED THREE-DIMENSIONAL PHOTOCHEMICAL GRID MODEL. ATMOSPHERIC ENVIRONMENT 38 (22): 3689-3711.

HENRY R. C., CHANG Y. S., SPIEGELMAN C. H., 2001. LOCATING NEARBY SOURCES OF AIR POLLUTION BY NONPARAMETRIC

REGRESSION OF ATMOSPHERIC CONCENTRATIONS ON WIND DIRECTION. NATIONAL RESEARCH CENTER FOR STATISTIC AND THE ENVIRONMENT (NRCSE) TECHNICAL REPORT N. 71.

HUANG Y.L. AND BATTERMAN S., 2000. SELECTION AND EVALUATION OF AIR POLLUTION EXPOSURE INDICATORS BASED ON GEOGRAPHIC AREAS. THE SCIENCE OF THE TOTAL ENVIRONMENT 253 (1-3): 127-144.

KEYWOOD M. D., AYERS G.P., GRAS J.L., GILLETT R.W., COHEN D.D., 1999. RELATIONSHIPS BETWEEN SIZE SEGREGATED MASS CONCENTRATION DATA AND ULTRAFINE PARTICLE NUMBER CONCENTRATIONS IN URBAN AREA. ATMOSPHERIC ENVIRONMENT 33: 2907-2913.

LAKE D. A., TOLOCKA M. P., JOHNSTON M. V., AND WEXLER A. S., 2004. THE CHARACTER OF SINGLE PARTICLE SULFATE IN BALTIMORE. ATMOSPHERIC ENVIRONMENT 38 (31): 5311-5320.

LAM K. S., CHENG Z. L., KOT S. C., TSANG C. W., 2004. CHEMICAL CHARACTERISTICS OF AEROSOLS AT COASTAL STATION IN HONG KONG. II. ENVIRONMENTAL BEHAVIOR OF TRACE ELEMENTS DURING THE APRIL 1995 TO APRIL 1996. JOURNAL OF ENVIRONMENT SCIENCE 16(2): 212-221.

MANOLI E., VOUTSA D. AND SAMARA C., 2002. CHEMICAL CHARACTERIZATION AND SOURCE IDENTIFICATION/APPORTIONMENT OF FINE AND COARSE AIR PARTICLES IN THESSALONIKI, GREECE. ATMOSPHERIC ENVIRONMENT 36 (6): 949-961.

OFFENBERG J.H. AND BAKER J.E., 2000. AEROSOL SIZE DISTRIBUTIONS OF ELEMENTAL AND ORGANIC CARBON IN URBAN AND OVER-WATER ATMOSPHERES. ATMOSPHERIC ENVIRONMENT 34 (10): 1509-1517.

PEREZ P., AND REYES J., 2002. PREDICTION OF MAXIMUM OF 24-H AVERAGE OF PM_{10} CONCENTRATIONS 30 H IN ADVANCE IN SANTIAGO, CHILE. ATMOSPHERIC ENVIRONMENT 36 (28): 4555-4561.

PERRY R.H., 1997. PERRY'S CHEMICAL ENGINEERS' HANDBOOK. — 7TH EDITION. MCGRAW-HILL, NEW YORK. ISBN 0-07-049841-5.

PILLAI P. S., BABU S. S.AND MOORTHY K. K., 2002. A STUDY OF PM, PM_{10} AND $PM_{2.5}$ CONCENTRATION AT A TROPICAL COASTAL STATION. ATMOSPHERIC RESEARCH 61 (2): 149-167.

PUTAUD J.P., RAES F., VAN DINGENEN R., BRÜGGEMANN E., FACCHINI M.C., DECESARI S., FUZZI S., GEHRIG R., HÜGLIN C., LAJ P., LORBEER G., MAENHAUT W., MIHALOPOULOS N., MÜLLER K., QUEROL X., RODRIGUEZ S., SCHNEIDER J., SPINDLER G., HARRY TEN BRINK, TØRSETH K. AND WIEDENSOHLER A., 2004. A EUROPEAN AEROSOL PHENOMENOLOGY — 2: CHEMICAL CHARACTERISTICS OF PARTICULATE MATTER AT KERBSIDE, URBAN, RURAL AND BACKGROUND SITES IN EUROPE. ATMOSPHERIC ENVIRONMENT 38 (16): 2579-2595.

QUEROL X., ALASTUEY A., RODRIGUEZ S., PLANA F., RUIZ C. R., COTS N., MASSAGUÉ G. AND PUIG O., 2001. PM_{10} AND $PM_{2.5}$ SOURCE APPORTIONMENT IN THE BARCELONA METROPOLITAN AREA,

CATALONIA, SPAIN. ATMOSPHERIC ENVIRONMENT 35 (36): 6407-6419.

QUEROLA X., ALASTUEYA A., LOPEZ-SOLERA A., PLANAA F., PUICERCUSA J. A., MANTILLAB E. AND PALAUB J. L., 1999. DAILY EVOLUTION OF SULPHATE AEROSOLS IN A RURAL AREA, NORTHEASTERN SPAIN—ELUCIDATION OF AN ATMOSPHERIC RESERVOIR EFFECT. ENVIRONMENTAL POLLUTION 105 (3): 397-407.

RAGOSTA M., CAGGIANO R., D'EMILIO M., MACCHIATO M., 2002. SOURCE ORIGIN AND PARAMETERS INFLUENCING LEVELS OF HEAVY METALS IN TSP, IN A INDUSTRIAL BACKGROUND AREA OF SOUTHERN ITALY. ATMOSPHERIC ENVIRONMENT 36 (19): 3071-3087.

RODRIGO M. J., CRUZ M. J., GARCIA M. D., ANTO J. M., GENOVER T., MORELL F., 2004. EPIDEMIC ASTHMA IN BARCELONA: AN EVALUATION OF NEW STRATEGIES FOR THE CONTROL OF SOYBEAN DUST EMISSION. ALLERGY IMMUNOLOGY 134(2):158-64.

RODRÍGUEZ S.,. QUEROL X, ALASTUEY A. AND MANTILLA E., 2002. ORIGIN OF HIGH SUMMER PM$_{10}$ AND TSP CONCENTRATIONS AT RURAL SITES IN EASTERN SPAIN. ATMOSPHERIC ENVIRONMENT 36 (19): 3101-3112.

SHAKA' H. AND SALIBA N. A., 2004. CONCENTRATION MEASUREMENTS AND CHEMICAL COMPOSITION OF PM$_{10-2.5}$ AND PM$_{2.5}$ AT A COASTAL SITE IN BEIRUT, LEBANON. ATMOSPHERIC ENVIRONMENT 38 (4): 523-531.

STEDMAN ET AL., 2000. RECEPTOR MODELLING OF PM$_{10}$ CONCENTRATIONS AT A UK NATIONAL NETWORK MONITORING SITE IN CENTRAL LONDON. ATMOSPHERIC ENVIRONMENT 35: 297-304.

TRIANTAFYLLOU A. G., 2001. PM$_{10}$ POLLUTION EPISODES AS A FUNCTION OF SYNOPTIC CLIMATOLOGY IN A MOUNTAINOUS INDUSTRIAL AREA. ENVIRONMENTAL POLLUTION 112 (3): 491-500.

TSUANG B., 2003. QUANTIFICATION ON THE SOURCE/RECEPTOR RELATIONSHIP OF PRIMARY POLLUTANTS AND SECONDARY AEROSOLS BY A GAUSSIAN PLUME TRAJECTORY MODEL: PART I—THEORY. ATMOSPHERIC ENVIRONMENT 37 (28): 3981-3991.

TURNBULL A. B. AND HARRISON R. M., 2000. MAJOR COMPONENT CONTRIBUTIONS TO PM$_{10}$ COMPOSITION IN THE UK ATMOSPHERE. ATMOSPHERIC ENVIRONMENT 34 (19): 3129-3137.

TURPIN B. J., SAXENA P. AND ANDREWS E., 2000. MEASURING AND SIMULATING PARTICULATE ORGANICS IN THE ATMOSPHERE: PROBLEMS AND PROSPECTS. ATMOSPHERIC ENVIRONMENT 34 (18): 2983-3013.

U.S. E.P.A., 2003. GUIDELINES FOR DEVELOPING AN AIR QUALITY (OZONE AND PM2.5) FORECASTING PROGRAM. RESEARCH TRIANGLE PARK, NORTH CAROLINA, EPA-456/R-03-002.

VEGA E. , MUGICA V., CARMONA R. AND VALENCIA E., 2000. HYDROCARBON SOURCE APPORTIONMENT IN MEXICO CITY

USING THE CHEMICAL MASS BALANCE RECEPTOR MODEL. ATMOSPHERIC ENVIRONMENT 34 (24): 4121-4129.

VILLALBI J. R., PLASENCIA A., MANZANERA R., ARMENGOL R., ANTO J. M., 2004. EPIDEMIC SOYBEAN ASTHMA AND PUBLIC HEALTH: NEW CONTROL SYSTEMS AND INITIAL EVALUATION IN BARCELONA, 1996-98. JOURNAL OF EPIDEMIOLOGY COMMUNITY HEALTH 58(6): 461-465.

WAI K.M. AND TANNER P. A., 2004. WIND-DEPENDENT SEA SALT AEROSOL IN A WESTERN PACIFIC COASTAL AREA. ATMOSPHERIC ENVIRONMENT 38 (8): 1167-1171.

WHITBY K. T., 1978. THE PHYSICAL CHARACTERISTICS OF SULFUR AEROSOLS. ATMOSPHERIC ENVIRONMENT 12: 135-159.

WINDSOR H. L. AND TOUMI R., 2001. SCALING AND PERSISTENCE OF UK POLLUTION. ATMOSPHERIC ENVIRONMENT 35 (27): 4545-4556.

WOMILOJU T. O., MILLER J. D., MAYER P. M. AND BROOK J. R., 2003. METHODS TO DETERMINE THE BIOLOGICAL COMPOSITION OF PARTICULATE MATTER COLLECTED FROM OUTDOOR AIR. ATMOSPHERIC ENVIRONMENT 37 (31): 4335-4344.

INDICE

www.ingramcontent.com/pod-product-compliance
Lightning Source LLC
Chambersburg PA
CBHW062018200326
41519CB00017B/4828